高等教育"十三五"部委级规划教材

U0151418

居住空间设计

（第二版）

DESIGN OF
LIVING SPACE

刘静宇◎主编

东华大学出版社

·上海·

内容提要

本书共分为七章,详细介绍了居住空间设计概述、居住空间的构成类型与风格特征、居住空间陈设与色彩运用、居住空间照明设计、居住空间设计的特殊因素、居住空间设计程序以及居住空间各功能区域分类设计,并结合实际案例从多角度进行了分析。通过引导案例引入每章的知识点,既有理论指导性,又有设计针对性,适应性较强;同时每章还设计了合理、实用的练习题,用以锻炼学生的设计思维能力,符合现代教育的发展趋势。希望本书能为艺术设计相关专业的学生提供参考,同时启发和培养设计人员的创新意识,提高创新能力。

图书在版编目(CIP)数据

居住空间设计 / 刘静宇主编 . -- 2 版 . -- 上海:
东华大学出版社, 2020.1
ISBN 978-7-5669-1704-1

Ⅰ . ①居… Ⅱ . ①刘… Ⅲ . ①住宅—室内装饰设计
Ⅳ . ① TU241

中国版本图书馆 CIP 数据核字(2020)第 011064 号

责任编辑:马文娟 李伟伟
封面设计:戚亮轩

居住空间设计(第二版)
JUZHU KONGJIAN SHEJI

主 编 刘静宇

出 版:东华大学出版社(上海市延安西路1882号,200051)
本社网址:dhupress.dhu.edu.cn
天猫旗舰店:http://dhdx.tmall.com
营销中心:021-62193056 62373056 62379558
印 刷:上海颛辉印刷厂有限公司
开 本:889 mm × 1194 mm 1/16
印 张:9
字 数:317千字
版 次:2020年1月第2版
印 次:2022年7月第2次
书 号:ISBN 978-7-5669-1704-1
定 价:55.00元

PREFACE
前 言

　　居住空间环境与人们的生活密切相关，是每一个人日常生活中最为熟悉的空间部分。居住空间设计是针对单个建筑的内部环境，按各种功能需要，进行空间重新分配、装修再设计、装潢更新换代、家具壁挂，以及灯具空调设备重新布置等。总体来讲，现代的居住空间设计包含土建、装修、装潢、装饰、家具陈设，以及现代的声、光、电、色、气、水设备等众多内容，对提高人们的生活质量具有举足轻重的作用。居住空间设计需要随着社会的不断进步增添新的内容，但最基本的还是要"写实"，即在满足基本空间的基础上，创新探索新的空间，这样才能真正地把人和空间联系在一起，呈现空间的生命力。

　　综上所述，居住空间设计人才的培养是一项涉及专业领域较为广泛的系统工程。 本书以居住空间设计为框架，立足于实际教学的同时，着眼于行业发展，让学生全面地了解居住空间设计的过程，通过不同设计方法的尝试，启发学生的创意思维，建立系统的设计框架。同时，本书在第一版的基础上对部分章节的内容进行了更新，增加了新的知识点，力求最大限度地提高学生的理论水平和实践能力，突出以设计实践案例来论理论。

　　由于书中涉及的知识面较广，而编者水平有限，不足之处难以避免，敬请读者指正。

编者

CONTENTS
目 录

第一章 居住空间设计概述

引导案例

居住空间是以居住活动为中心的建筑内部环境，综合了人居行为的一切生活理念。随着时代的进步，从20世纪70年代讲有无、80年代讲配套、90年代讲环境到21世纪谈文化，人们对居住环境的要求也在不断地变化和提升。

现在人们对居住的要求不仅仅停留在物质层面的满足上，更多地是追求一种安全、舒适和温馨的家居环境，追求住宅内外部环境所衍生的生活方式，追求住宅带来的自在惬意的生活方式和生活体验，对"家"的概念融入了更多的精神内涵（案例A-1）。

图 1-1 平面图 （单位：mm）

图 1-2 书房

图 1-3 走廊

图 1-4 餐厅墙面

图 1-5 客厅墙面

图 1-6 儿童房

案例 A-1：在本案例的设计中（图1-1），设计师将原来作为卧室的房间改造成书房（图1-2）。局部采用玻璃墙设计，使书房棱角分明、晶莹剔透地融入客厅和走廊之间，阳光得以穿透至整个走廊，空间上得以延伸扩展。同时，运用小错层悬挂，既不产生隔阂，又保持了一定的独立性（图1-3）。

餐厅与客厅之间通过左右两面墙进行区分。墙的一侧除与客厅墙纸相衔接外，还采用喷涂形式呈现出大色块砖格状，时尚、凝练（图1-4）。墙体采用仿古板材，米色的浅调均衡了色彩，避免了空间压迫感。仿古板材的运用蔓延到天花板再到转角，一直延伸至卧室，在过道中与明净的玻璃书房相映衬（图1-5）。

儿童房里红白相间的米奇衣柜、书桌和书架，搭配经典的色调，就像米奇人物一样经久不衰，时尚又可爱，简洁又活泼。放下紫色的窗帘，可以做一个美好的童年梦（图1-6）。

在色彩上，通过白色、米色、深灰色、黑色、红色这几个经典色营造出整体的现代时尚风。客厅电视墙采用艺术水泥隔板，深灰色的质朴感与深灰色布艺沙发在色彩上相互呼应。黑色的镜面桌子与白色的地毯相调剂。沙发后的墙体采用米色底的印花墙纸，既有都市时尚感而又悠闲柔美有余。

在此方案中，设计师借助了空间结构本身的可变性和连续性来实现整体性，力求通过空间的设计提升居住者的生活品味。整体空间设计简洁时尚，追求一种空间质感的提升。

第一节 居住空间设计的理念

居住空间设计以各类住宅为设计对象，它以家庭为背景，以环境为依托，对于人们的生活质量有着直接且重大的影响。从创造符合可持续发展，满足功能、经济和美学原则，并体现时代精神的居住环境出发，以科学为功能基础，以艺术为表现形式，根据对象所处的特定环境，对内部空间进行创造与组织，形成安全、卫生、舒适、优美的功能需要。

一、环境为源，以人为本

作为居住空间的设计和创造者绝不可急功近利，只顾眼前，应充分重视可持续发展、环保、节能减排等现代社会的准则，坚持人与环境、人工环境与自然环境相协调，空间设计与室内外环境相协调（图1-7、图1-8）。

设计的目的是通过创造为人服务，居住空间设计更是如此。要遵循以人为本的原则，从为人服务这一功能的基石出发，设身处地地为人们创造美好的室内环境。因此，现代居住空间设计特别重视人体工程学、环境心理学和审美心理等方面的研究，科学深入地了解人们的生理特点、行为心理和视觉感受等。

二、实用性与经济性相结合

实用性就是要求最大程度地满足室内物理环境设计、家具陈设计、绿化设计等。空间组织、家具设施、灯光、色彩等诸多因素，在设计时要通盘考虑。

经济性是以最小的消耗达到所需的目的，不是片面地降低成本，不以损害施工效果为代价。

三、科学性与艺术性相结合

现代居住空间设计应充分体现当代科学技术的发展，把新的设计理念、新的标准、新型材料、新型工艺设备和新的技术手段应用到具体设计中。只有人们在日常生活的地方接触新的科技成果，才能更好地体会现代科技的发展。

现代居住空间还应充分重视艺术性，创造出具有视觉愉悦感和文化内涵的居室环境，形成具有表现力和感染力的室内空间形象。总之，室内设计是科学性与艺术性、生理要求与心理要求、物质因素与精神因素的平衡和综合。

图1-7 人工环境与自然环境相协调

图1-8 空间设计与室内外环境相协调

四、时代感与文化感并重

居住空间环境总是从一个侧面反映当代社会物质生活和精神生活的特征。无论是物质技术还是精神文化，都具有历史延伸性，追踪时代，尊重历史，因此需要设计者自觉地在设计中体现时代精神，主动地考虑满足当代社会的生活活动和行为模式的需要，分析具有时代精神的价值观和审美观，积极采用当代物质技术手段。

案例 A-2：在本案例的设计中，整体色彩以黑色、白色、灰色调组成，寻求一种东方风格的情调，并与建筑外檐色彩相协调（图1-9）；同时穿插暖色地板和门套，暖色在里面只占据三成，而黑白灰的层次占据空间的七成，这样的三七比例也符合视觉中的黄金分割，同时局部的一些红色装饰物既与外檐门窗的色彩相呼应，又起着跳跃画面的作用，充满时尚感（图1-10）。

在装饰设计和软装配饰上，更倾向于现代感极强的简约风格，包括家具上的配饰、沙发和桌椅，用简约的语言诠释整个空间（图1-11）。

图 1-9 外檐

图 1-10 客厅局部陈设

图 1-11 家具与配饰

第二节 居住空间设计的原则

一、安全

任何设计，在发挥其正常的功能作用之前，首先要考虑的问题就是安全。在居住空间设计与施工的过程中，应注意和避免对建筑原结构的调整。此外，装修过程中应注意使用强度较高的优质材料，做好强弱配电图纸，进行无障碍设计等。在设计之初，就应当对安全问题引起高度重视，因为每项内容都是和最基本的安全需求息息相关的。

二、健康

空间的目的是服务于人。应始终坚持以人为本的设计理念，确保人的安全和身心健康。身心包括两个层面，"身"指生理层面，"心"指精神层面。

（一）生理层面

设计在采光、通风、采暖和私密等基本问题解决的基础上，材料的选择、人体工学设计方面要做到人性化，要使设计的空间贴近每个家庭成员的生活，让他们使用起来更加简单合适。例如，坐便器上的加热盖板、除臭设计，厨房合理的操作尺度设计，空间中使用无毒、无污染的环保材料等，这些是空间设计最重要的一点，因为空间是为人设计的，不是一个简单的艺术品。

（二）精神层面

现代居住空间设计特别重视文化归属、环境心理学及审美心理等方面的研究，要从科学、人文方面深入了解家庭各成员的行为心理和视觉感受，从健康的角度综合处理人与空间的关系及空间与人的交往，更好地体现以人为本、健康设计的理念。

三、舒适

舒适度主要取决于空间封闭程度带来的开敞与私密，空间的大小带来的拥挤与空旷，也取决于空间中人、物、活动、噪声、色彩和图案等的相互关系。居住空间设计的根本就是处理好人与物之间的相互关系。因此，要营造一个舒适的空间，就要处理好室内陈设与空间的关系，并处理好物体及空间色彩、尺度等之间的相互关系。

四、美观

任何好的设计都应遵循一定的美学规律，如比例、尺度、韵律、均衡、对比、协调、变化、统一、色彩和质感等，居住空间设计也是如此（图 1-12 ～图 1-15）。人们通过观察空间中的形、色、光 与陈设，产生主观的审美情感。这种美感所带来的空间意境的形成，必须经过长期的艺术训练。因此，提高设计师自身的艺术素养和审美能力，对于提高空间设计的水平至关重要。此外，还应在美观的基础上强调设计的标新立异和独特构思，只有这样才能满足人们日益增长的个性需求。

图 1-12 韵律

图 1-13 均衡

图 1-14 变化与统一

图 1-15 质感

第三节 居住空间设计的内容

一、居住空间的组织调整

居住空间是由多个不同空间组成的，每个空间存在着不同的功能区，每个功能区需要有与之相适应的功能来满足人们在室内的需求。一个完整的人居空间，其功能就是让人在里面进行较高质量的休息和睡眠、学习和工作、下厨进餐、洗漱、卫浴等活动。设计师通过调整空间的形状、大小、比例，决定空间开敞与封闭的程度，在实体空间中进行空间再分隔，解决空间之间的衔接、过渡、对比、统一、序列等问题，从而有效利用空间，满足人们的生活和精神需求。

图 1-17 卧室

图 1-16 平面图 （单位：mm）

图 1-18 走廊　　　　　　　　　图 1-19 具有视觉通透感的客厅

图 1-20 餐厅

案例 A-3：在本案例的设计中，设计师选择了横向的实木条格来分隔空间。在完成空间界定的同时保证了视觉上的通透性，又加强了空间的次序感，同时还利用地面高差加强空间的动感与起伏变化（图1-16 ~图1-18）。

设计师利用同色相变化影响视觉感观的方法来营造空间纵深感，空间的远处与近处分别采取深浅不同的颜色来加强空间纵深感（图1-19、图1-20）。

二、界面处理

界面处理就是对围合成居住空间的地面、墙面、隔断、顶面进行处理。其处理既有功能和技术上的准则，又有造型和美观上的要求。同时，界面处理还需要与居室内的设备、设施密切配合，如界面与灯具的位置、界面与电器的配置等（图1-21、图1-22）。

 图 1-21 居室的界面处理（一）

图 1-22 居室的界面处理（二）

三、居住空间物理环境设计

在居住空间中，要充分考虑采光、照明、通风和音质效果等方面的处理，并充分协调室内水电等设备的安装，使其布局合理。

（一）采光

有可能做到自然采光的室内，应尽量保留可调节的自然采光，这对提高工作效率，以及促进人的身心健康等方面都有很大的好处（图1-23）。

图 1-23 居室自然采光

（二）照明

依据国家照明标准，提供居室合适的整体照明、局部照明、混合照明以及装饰性照明，并配合居室设计选择适合的照明灯具（图1-24）。

（三）通风

主要以做好室内自然通风为前提，依据地区气候和经济水平，按照国家采暖和空气制冷标准，设计出舒适、经济、环保的居室通风。

（四）音质

根据室内特定音质标准，保证居室声音清晰度和合理的混响时间，并根据国家允许的噪声标准，保证室内合理、安静的工作生活环境。

图 1-24 居室的照明

四、居住空间家具陈设设计

家具陈设设计包括设计和选择家具与设施，将审美与使用相结合，同时选择各种织物、艺术品等，既体现实用性，又提升室内环境的艺术氛围与艺术品味（图1-25）。

图 1-25　居室陈设设计

五、居住空间绿化设计

人们在完成一天的工作后，渴望回到家中好好休息，绿色因具有减轻疲劳的心理功能，日益成为居室设计的要素之一。将绿色引入室内，不仅可以达到内外空间过渡的目的，还可以起到调整空间、柔和空间、装饰美化空间，以及协调人与自然环境之间关系的作用（图1-26）。

图 1-26 居室绿化设计

第四节 居住空间设计的对象

随着现代社会的急速发展，单一的居住空间类型不可能满足各种现实需求，加上不同经济状况和客观环境条件的限制，居住空间设计呈多元化发展趋势，形成众多通过多样化的空间组合以满足不同生活要求的居住空间。

一、单元式住宅

指除卧室外，包括起居室、卫生间、厨房、厕所等辅助用房，且上下水、供暖、燃气等设施齐全，可以独立使用的住房，一般指成套的楼房。

二、公寓式住宅

区别于独院独户的西式别墅而言。公寓式居室一般在大城市里，多数为高层大楼，每一层内有若干单户独用的套房，包括卧室、起居室、客厅、浴室、厕所、厨房、阳台等。还有的附属于旅馆或酒店之内，供一些经常来往的客商及其家属短期租用。

三、跃层式住宅

指居室占有上、下两层楼面，室内各空间可分层布置，上、下两层之间采用户内独用小楼梯连接。其优点是每户都有较大的采光面，通风较好，户内居住面积和辅助面积较大，布局紧凑，功能明确，相互干扰较小（图1-27）。

四、复式住宅

一般是指在层高较高的一层楼中增建一个夹层，两层合计的层高大大低于跃层式住宅（复式一般为3.3 m，而一般跃层式为5.6 m），复式住宅的下层供起居用，如厨房、进餐、洗浴等，上层供休息睡眠和贮藏用（图1-28）。

图 1-27 跃层式住宅

图 1-28 复式住宅

五、别墅住宅

"别墅"一词在英语中称为 villa，是指在郊区或风景区建造的供休养用的园林住宅。它最大的特点是将自然环境景观和室内居住空间完美地结合在一起。常见的别墅形式有以下两种：

（一）独栋别墅

独门独院，上有独立空间，下有私家花园领地，是私密性极强的单体别墅，表现为上下、左右、前后都属于独立空间，一般房屋周围都有面积不等的绿地、院落。这一类型是别墅历史中最悠久的一种，私密性强，市场价格较高，也是别墅建筑的终极形式（图 1-29）。

（二）联排别墅

一般由几栋或者十几栋小于5层的低层住宅并联组成，每栋的面积大约为150~200 m^2，前后有自己的独立花园，但花园的面积一般不会超过50 m^2，另外还有专用车位或者车库。这类低层、低密度的花园住宅能满足人们对良好居住环境的需要，能提供一种"宽松、舒适、安静、自由独立"的居住环境（图 1-30）。

图 1-29 独栋别墅

图 1-30 联排别墅

第五节 居住空间设计的发展趋势

随着现代社会和科学技术的发展，人们的生活方式和需求发生了变化，居住空间设计的发展呈现多种趋势。本书具体从功能化、个性化、科学化和技术化四个基本方向，细致地分析把握设计的发展趋势。

一、功能化

当今设计界的设计核心——"设计是为大众"，倡导功能是现代设计的主要内容。人们的生活内容已经变得十分丰富，这使得人们在有限的空间里，通过合理、多样的功能设计和自动化的电器设备满足增加的功能需求。现代简约设计搭配大胆的颜色，通过材质的变化，营造出独特的室内空间环境氛围，各个使用空间相互连接、穿透和延伸（图1-31）。

图 1-31 功能化设计

二、个性化

工业化生产留下了千篇一律的楼房、室内设备，还有相同的生活模式，这些同一化的居住环境给设计带来了许多不便。因此，通过设计塑造个性化的物质和精神生活成为社会的普遍共识。个性化的居住空间设计应充分考虑使用者的兴趣爱好、职业、年龄、生活方式等因素，合理利用材料、家具、陈设、绿化等，创造不同形态和内涵的居住空间（图1-32）。

图 1-32 个性化设计

三、科学化

（一）经济意识

经济意识是理性的成本意识，它不仅指钱财、人力、时间的投入，还包括色彩、造型和空间等一切空间因素的运用。"少就是多"的设计理念就是经济意识的最好体现。

盲目、不计成本的居住空间设计不能为人们带来真正的生活乐趣，反而徒增了许多烦恼。在许多情况下，居住空间环境可以通过合理的设计节约空间建设的成本（图1-33）。

（二）可持续发展

居住空间环境的可持续发展包括环境保护和空间可持续变化两方面。

随着对环境的深入认识，人们意识到环境保护并非只是使用无毒、无污染的装修材料那么简单，使用节能绿色电气设备和可循环利用的材料，减少浪费不可再生资源，以及再利用旧建筑空间等，都能减少对生存环境的破坏，同时也对下一代的环保意识起到促进作用。

结构良好的建筑可以使用几十年，而居住空间内部环境的使用时间较短，更新频率快。家具、陈设和绿化的组合远比墙面更容易灵活地划分空间，可持续变化的空间能够引导使用者参与设计，使居室具有更持久的生命力（图1-34）。

图 1-33 居室墙面设计

图 1-34 利用家具组织空间

四、技术化

（一）规范生产

大规模工业化的社会生产创造了丰富的物质文明，从建筑空间、墙体到室内装修材料、家具、设备和装饰物都有一定的生产标准，加速了室内空间环境模块化、规范化的发展趋势（图1-35）。

现代设计是社会经济活动的重要环节，高效率、低成本的工业化生产原则引入到设计领域，使得设计工作的分工协作更为明确。方案设计、预算报价、效果图制作、施工图制作、施工等不同工种之间加强协调和配套，也要求设计师具有更高的专业能力和团队协作精神。

（二）科技运用

随着社会的发展，新科技技术从发明到实践运用的周期越来越短。节能、环保、自动、智能这些生活理念与科技结合后，新材料、新电器设备、新施工技术不断出现，使得居住空间环境的科技含量大为增加，并延伸到空间环境的各个方面，满足了人们复杂多样的需求。

智能化是高度的自动化，家居空间智能化是把各种材料、设备等要素进行综合优化，使其具备多功能、高效益和高舒适的居住运营模式。

智能化布线可以提供网络、电话、电视和音频的即插即用，避免重复投资；先进的保安监视系统可以随时监视室内空间环境，并在火灾、煤气泄露及被盗时自动报警；自动控制系统可远程通过网络自动控制照明、冰箱、空调等家电设备。

图 1-35 居室规范化

本章小结

　　本章主要对居住空间设计的基本知识进行了较为详尽的阐述，使学生对居住空间设计有一个理性的了解，目的是培养学生确立正确的设计意识与设计方向。

思考与练习

1. 居住空间设计应遵循哪些原则？
2. 居住空间设计包括哪些具体内容？
3. 阐述居住空间设计的发展趋势。

第二章 居住空间构成类型与风格特征

学习要点及目标

● 本章主要针对居住空间的构成类型与风格特征进行讲解。

● 通过对本章的学习，了解居住空间的构成形式，熟悉现阶段比较典型的几种居住空间设计风格特点与形式。

引导案例

当今室内设计风格的变化更新周期日益缩短，推陈出新的速度不以人的意志为转移。各种室内设计风格数不胜数，呈现出多元化的格局，这就要求设计者既要满足人们对居住空间不同使用功能的要求，同时又要体现特定的艺术形式所反映的审美价值（案例 B–1）。

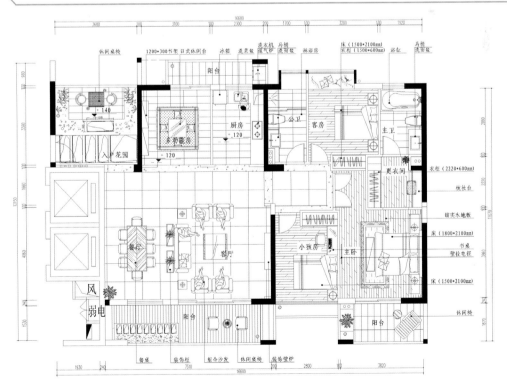

图 2-1 平面图 （单位：mm）

图 2-2 客厅界面

图 2-3 餐厅墙面

图 2-4 客厅色彩

图 2-5 卧室色彩

案例 B-1：在本案例的设计中（图 2-1），设计师以中式的"回"字作为基本元素展开设计联想，从墙面到天花，从家具到饰品（图 2-2），包含若干整齐排列的"回"字（图 2-3），与随处可见的"回"形元素有机结合，使本案设计的"形神"之中，既具有中国古典文化的内涵，同时又兼具现代生活气息和时尚都市感。

色彩的运用也是室内设计中的画龙点睛之笔。在视觉效果上，本案例的主要轮廓以黑色饰面板为主，强调一种稳重、大度的人文思想（图 2-4），而银色和紫红色则为轮廓内部的点缀装饰，象征着雍容与华贵，从而体现出华而不俗、稳重大方的设计理念（图 2-5）。

回顾本案例，设计师注重以中国文化元素为基本，并巧妙借鉴具有西方代表性风格涵义的元素及材质，使整个设计四平八稳、方正得体；视觉效果上，平静之中蕴含力量，中庸之内包含突破，由此突破了传统的设计理念，呈现出一种崭新的现代中式风格。

第一节 居住空间规划

居住空间规划是居住空间设计的首要步骤，重点在于空间的组织。空间规划就是营造室内空间布局，建立设计的基本思路。

一、空间序列的设计手法

空间序列是空间环境先后活动的顺序关系，是设计师按建筑功能给予合理组织的空间组合，是大小空间、主空间和辅空间的穿插组合。它就像一首交响乐，体现高低起伏、强弱变化的韵律感和节奏感。空间序列可分为起始阶段—过渡阶段—高潮阶段—终结阶段。

人们进入空间后，随着建筑物空间位置自然而然地随形而动。图2-6通过连续排列的色彩与线条引导空间。

（一）空间的导向性

空间的导向性通常是引导人们的行动方向。可利用交通路线设计、连续排列的物体、方向性的色彩和线条、绿植的组合、家具陈设、灯光强化等手段加以引导，使

（二）视觉中心的安排

视觉中心就是在一定范围内引起人们注意的视觉中心物。视觉中心一般以具有强烈装饰趣味的物体为标志，它既有欣赏价值，又有引导作用，大多设置在空间的主要墙面或交通入口处、转折点和容易迷失方向的关键部位。图 2-7 利用传统瓷器作为背景墙设计主线，使空间中式韵味浓重，界面视觉效果突出。

图 2-6 空间的导向性

图 2-7 视觉中心的安排

（三）空间环境构成的对比与统一

在空间处理上，如大小、形体、方向、材质、色彩、虚实等以统一协调为主，局部穿插对比，以便强调突出精彩部分，构成彼此有机联系、前后连续的空间环境。图 2-8利用体量的关系及虚实的手法，通过对比突出重点墙面。

图 2-8 空间的对比与统一

二、空间的对比

在空间组织中，充分利用功能空间所具有的特点，通过空间组合的形式，形成强烈的空间对比，丰富空间变化。

（一）大小与高低的对比

借助空间体量的对比差异，可以突出主题空间。当由小空间进入主体大空间时，视野也由极度的压缩到豁然开朗，从而引起人们心理上的突变和情绪上的振奋（图 2-9）。

（二）开敞与封闭的对比

对于居住空间来说，封闭空间就是私密性较强、围合度较高且与外界缺乏联系的空间，而开敞空间则恰恰相反。封闭空间显得内敛、隔绝、私密，开敞空间显得外向、自由。由一个封闭空间过渡到一个开敞空间，势必会在空间环境和空间感受上产生强烈的对比（图 2-10）。

（三）形状的对比

不同形状的空间也可以通过对比产生变化，虽然对人的影响相对弱一些，但可以通过空间之间的变化破除单调感（图 2-11）。

图 2-9 大小与高低的对比

图 2-10 开敞与封闭的对比

图 2-11 形状的对比

三、居住空间的过渡

空间形态之间都具有这样或那样的联系，彼此包含、连续。虽然建筑本身利用界面分隔空间，使之有了"内""外"之分，但其中还有许多中间部分，这个中间缓存区域称为过渡空间。

过渡空间具有实用性、安全性、礼节性等特点，具有空间引导作用，可以增加空间的层次感，丰富空间变化。

在居住空间中，存在大量的过渡空间，各自的特点如下：

（一）入户玄关

"玄关"一词源于日本，原指佛教的入道之门，现在泛指居室入口的一个区域，也就是出入室内换鞋、更衣、停顿的缓冲空间。玄关在住宅中虽然所占面积不大，但使用频率高，是进出住宅的必经之路。这一空间可利用家具、景观小品进行象征性的空间分隔，既保证自身的独立性，又和整体空间联系在一起，使空间隔而不断又相互渗透，具备实用性的同时形成虚拟空间，引导空间的同时增加空间的层次感。图 2-12通过玄关的过渡进入主体空间，增加空间层次，顶部图案化的处理既体现了空间的引导性又使空间动态感十足，同时空间中家具的布置也为人们带来了方便。

由此可见，入户玄关已成为现代居住空间中必不可少的重要空间。它在室内的作用集中体现在以下几个方面：

①为人们进、出空间起到心理上的过渡准备作用。

②组织空间，突出重点，增加空间层次，联系内外空间。

③遮挡视线，能有效保护空间的私密性。

（二）起居室

"厅堂"很早就用于中国古代单体建筑中。传统居室中的"厅堂"表现为前后敞开，室内外空间连贯流通，形成敞厅，既可以连接前后室或前后院，起到与内部房间过渡、转承的作用，又可以丰富空间的层次感。

在现代居室中，人们把厅堂叫作"客厅"或"起居室"。它融合了会客、娱乐功能，也兼备进餐、工作、学习等功能。客厅在住宅中应尽量形成开敞空间，宽大的空间有利于居室中采光的需要和空气的流通，提高居住舒适度；同时连接居室入户与室内的餐厅、卧室、书房、厨房、卫生间，形成空间的过渡，具有衔接作用。图2-13中，起居室在连接各空间的同时，通过设计师的巧妙处理使"动态交通空间"与"静态使用空间"关系明确，既相互独立，又联系紧密。

（三）走廊

走廊是联系各空间的枢纽，是室内的交通空间，既能够有效划分不同的空间领域，增加空间的层次感，又使空间具有流动性（图2-14）。

图 2-12 入户玄关的过渡

图 2-13 起居室的过渡

图 2-14 走廊的过渡

25

（四）楼梯

楼梯是连接上、下楼之间的垂直行道，是贯穿上、下空间的过渡部分，是紧急事件发生时主要的疏散通道。居室中楼梯的作用除了基本的上下行走的功能外，它还对空间有着造型和装饰作用，可以提升整个空间的品质。不同形式的楼梯给人不同的感受，直线型简洁大方，弧线型优雅美观，螺旋形活泼多变（图2-15）。

一般除旋转楼梯外，楼梯下方都会有 3~5 m^2、形状呈三角形的余下空间。在设计中可对这部分空间加以处理，既可以做成实用的储藏空间，又可以通过艺术处理设计成陈设展示区和室内小景（图2-16）。当然，如果是只有踏步的楼梯，梯下也可以不作任何装饰，以增加室内通透的视线感。

图 2-15 楼梯的过渡　　　　　图 2-16 旋转楼梯下的展示区

四、居住空间的分隔

居住空间设计主要通过对室内空间的组织实现的，就是根据房间的使用功能、特点、心理要求，利用平面或立面的分隔、家具的组合等，划分出既实用、合理，又极富灵感的空间。分隔形式可分为以下几种：

（一）绝对分隔

用固定不变的分隔因素，包括承重墙、梁、柱、楼梯等承重结构进行分隔和联系空间，达到隔离视线、温湿度、声音的目的。这种分隔形式使空间界面异常分明，具有很强的私密性与领域感，一般多用于卧室、书房等私密性较强的空间。

（二）相对分隔

利用非承重结构的构建，如博古架、落地罩、轻质隔断等作为分隔物，多用于房间的二次分隔，使空间不完全封闭，具有一定的流动性。这种分隔形式所形成的领域性与私密性不如绝对分隔强烈。图2-17利用线的设计对空间进行分隔，隔而不绝，具有视觉的连续性和空间的流动性；同时，金属材质的运用使空间在传统中带有现代时尚感。

图 2-17 相对分隔

（三）虚拟分隔

主要通过非实体对局部界面进行象征性的心理暗示，形成一定的虚拟场所，以实现视觉与心理上的领域感。

虚拟分隔的手法种类繁多，大致可归为以下四种：

1. 利用界面的凹凸与高低进行分隔

利用墙面的凹凸或者天棚、地面的高度差变化分隔空间，使空间带有一定的展示性与领域感。地台的高度和下沉的高度要以每个台阶150 mm为基本的依据确定（图2-18）。

2. 利用装饰与陈设进行分隔

利用装饰与陈设进行分隔，使空间具有向心感，空间充实，层次变化丰富，容易形成视觉中心（图2-19）。

图 2-18 利用界面的高低进行分隔

图 2-19 利用装饰与陈设进行分隔

3. 利用光色与质感进行分隔

利用色彩明度和纯度的变化、材质的粗糙细腻、光线的明暗，划分不同的空间界面（图2-20）。

4. 利用水体与绿化进行分隔

利用水体与绿化进行分隔具有美化和扩大空间的效果，充满生机的装饰使人们亲近自然的心理得到最大满足（图2-21）。

当然，居室究竟怎样分隔还要由家庭成员对居室功能的要求、居室实际状况等决定，比较合理的是采用虚实结合的手法进行合理的分隔。

图 2-20 利用光色与质感进行分隔

图 2-21 利用水体进行分隔

第二节 居住空间类型

随着人们对居住空间环境认识的逐步加深，为了满足丰富多彩的物质和精神生活的需要，就必须追求居住空间类型的多样化。最常见的居住空间类型如下：

一、开敞空间

开敞空间是外向性的，限定性和私密性较小，强调空间与周围环境的交流渗透，讲究与自然环境的融合。在视觉上，空间要大一些，在人的心理上，表现为开朗、活泼，具有接纳性。

开敞空间一般作为室内外的过渡空间，适用于入户玄关、起居室、露台、庭院等，有一定的流动性和趣味性，这是人的开放心理在室内空间中的反馈和体现（图2-22、图2-23）。图2-23通过内庭院的设计与四周空间相互渗透，将内外空间有机地联系在一起，使人感觉生动有趣，颇具自然气息。

图 2-22 外开敞型空间

图 2-23 内开敞型空间

二、封闭空间

用限定性比较高的围护实体包围起来，在视觉、听觉、小气候等方面都有很强的隔离性的空间，称为封闭空间，适用于卧室、书房等。这类空间具有内向性、封闭性、私密性及拒绝性的特点，同时还有很强的领域感和安全性，与周围环境的流动性和渗透性很少，所以应注意空气的流通。

三、静态空间

静态空间在空间构成形式上与封闭空间相似，都是限定性比较强，趋于封闭性，私密性较强的空间，给人以安静、稳重的感觉，适用于卧室、书房等（图2-24）。

图 2-24 静态空间

静态空间有如下特征：

① 空间的限定性较强，与周围环境的联系较少，趋于封闭型。

② 多为对称空间，可左右对称，亦可四面对称，除了向心、离心以外，很少有其他的空间倾向，从而达到一种静态的平衡。

③ 空间及陈设的比例、尺度相对均衡、协调，无大起大落之感。空间的色调淡雅和谐，光线柔和，装饰简洁。

④ 人在空间中视觉转移相对平和，没有强制性的过分刺激的引导视线因素存在，因此静态空间给人以恬静、稳重之感。

四、动态空间

主要是对空间的效果而言的。动态空间可以引导人们从动的角度对周围环境进行观察，把人带到一个多维度的空间之中，空间之间的联系得到加强。它适用于起居室、过道、楼梯间等交通空间。

动态空间有如下特征：

① 利用机械化、电气化、自动化的设施，如电梯、自动扶梯、旋转地面、可调节的围护面、各种活动雕塑以及各种信息展示等，形成丰富的动势。图 2-25 通过带有动态韵律的线条形成空间的导向性，体现空间的动势。

② 采用具有动态韵律的线条，组织引入流动空间序列，产生一种很强的导向作用，方向感比较明确，同时空间组织灵活，使人的活动路线不是单向而是多向的（图 2-26）。

③ 利用自然景观，如水体、植物等，形成强烈的自然动态效果。

④ 利用视觉对比强烈的平面图案，或者运用具有动态韵律的线型。

图 2-25 动态空间（一）   图 2-26 动态空间（二）

五、虚拟空间

虚拟空间是一种既无明显界面，又有一定范围的建筑空间。它的范围没有十分完整的隔离形态，也缺乏较强的限定度，只靠部分形体的启示，依靠联想来划分空间。这是一种可以简化装修而获得理想空间感的空间。它往往处于母空间中，与母空间流通，又具有一定的独立性和领域感。

虚拟空间的作用表现在两个方面：首先是功能上的需要，在大空间中分隔出许多具有各自功能特点，同时又相对独立的小空间，这些小空间虽相互分隔又互相联系，形成虚拟空间（图 2-27）；其次是精神的需要，人在精神上需要其所处的空间有丰富的变化，甚至需要创造某种虚幻的境界达到满足。

虚拟空间可以借助列柱、隔断、隔墙、家具、陈设、绿化、水体、照明、色彩及结构构件等因素形成，这些因素往往也会形成室内空间中的重点装饰，为空间增色（图 2-28）。

图 2-27 虚拟空间（一）

图 2-28 虚拟空间（二）

六、固定空间

固定空间是由固定的界面围合而成的，是一种使用性质不变、位置固定、功能明确的空间。居住空间中的厨房、卫生间，往往属于固定空间。

七、可变空间

与固定空间相反，不变空间是为了适应不同使用功能的需要而改变空间形式所形成的空间，其属性具有可变的特征。因此，常用灵活的分隔形式，如用隔墙、隔断、家具等，把空间划分成不同的空间形式（图 2-29、图 2-30）。这些不同类型的室内空间不是绝对独立的，而是具有一些空间的共性特征，可以帮助设计师从不同的角度加深对居住空间的认识。

图 2-29 可变空间（一）

图 2-30 可变空间（二）

八、共享空间

共享空间的特点是大中有小、小中有大，外中有内、内中有外，相互穿插交错，富有流动性。它往往处于公共活动中心和交通枢纽，包含多种多样的空间要素和设施，是综合性、多功能的灵活空间。图2-31将室外空间的特征引入室内，整体环境充满浓郁的自然气息，与室外的感觉并无两样，同时功能更加完善、齐全。在居住空间中，共享空间主要以别墅的形式出现（图2-32）。

图 2-31 共享空间（一）　　　　　　　　　　　　图 2-32 共享空间（二）

第三节 居住空间设计风格分类

室内设计风格的形成是不同时代思潮和地区特点通过创作构思而表现出来的。一种典型设计风格的形成，通常和当地的人文因素、自然条件密切相关，设计中的构思和造型亮点，组成风格的内在和外在因素。

一、传统欧式设计风格

传统欧式设计风格强调以华丽的装饰、浓烈的色彩、精美的造型塑造雍容华贵的装饰效果。欧式客厅顶部多采用大型灯池，并用华丽带有纹样的吊灯营造气氛；门窗上半部多做成圆弧形，并用带有花纹的石膏线勾边（图 2-33）；入厅口处多竖起两根豪华的罗马柱；墙面多用壁纸，或选用优质乳胶漆；地面材料多为石材或地板。欧式客厅多采用家具和软装饰来营造整体效果，深色的橡木或枫木家具，色彩鲜艳的布艺沙发，都是欧式客厅里的主角。还有浪漫的罗马帘、精美的油画、制作精良的雕塑工艺品，都是点染欧式风格不可缺少的元素。这类风格的装修，在面积、空间较大的房间内会达到较好的效果（图 2-34）。

传统欧式设计风格的特点：

① 优雅的拱门、C 型曲线、精美的雕花和涡卷形式。

② 利用木片、镏金薄铜片、金箔及拼贴镶嵌技法制作的柜子。

图 2-33 传统欧式设计风格（一）　　　　　　　图 2-34 传统欧式设计风格（二）

③ 栏杆、窗花、镜子及各种家具中的花卉、兽纹与贝壳纹样。

④ 山形墙、尖拱、圆拱及线板形式的挪用。

⑤ 地面一般采用波打线及拼花，起丰富和美化作用，也常用实木地板拼花的方式。

⑥ 丰富的墙面装饰线条或护墙板。如腰线，建筑墙面上中部的水平横线，起装饰作用；挂镜线，固定在室内四周墙壁上部的木质线条，用来悬挂镜框或画幅。

⑦ 壁炉，在室内靠墙砌筑的取暖设备。现代室内设计中壁炉式样繁多，主要是为了装饰墙面，这是欧式风格较为显著的特点。

⑧ 欧式传统室内风格讲究比例与对称，目的是提升空间的严整度。

案例B-2：在本案例的设计中，起居室运用带有丰富造型和线条层次的大体量壁炉和视听柜，既满足了功能需求也起到了装饰墙面的作用（图 2-35）。餐厅引用古典的分割形式，同时搭配丰富的装饰线条，也是本案例中重要的表现手法之一（图2-36）。卧室丰富的造型及变化统一在同一色系内，干净的底色搭配色彩丰富的家具、饰品与布艺，实现了软装、硬装两者之间的对立统一，使得房间整体感较强但不失细节（图2-37）。视听室通过简简单单的几条金线，改变了原本传统的木制墙面造型，呼应了空间的金色，使得空间色彩更加和谐，起到画龙点睛的作用（图2-38）。

图 2-35 起居室

图 2-36 餐厅

图 2-37 卧室

图 2-38 视听室

二、现代欧式设计风格

现代欧式设计风格是从传统欧式风格中延伸转化而来的，它将传统欧式的精华设计元素提炼加工并与现代设计相结合。现代欧式风格设计的是一种多元化的思考方式的融合。它一方面保留了传统欧式风格材质、色彩的大致风格，让人感受到传统的历史痕迹与浑厚的文化底蕴，同时又摒弃了过于复杂的肌理和装饰，简化了线条。将怀古的浪漫情怀与现代人对生活的需求相结合，兼容华贵与现代时尚，反映出后工业时代个性化的美学观念和文化品味。

现代欧式设计风格的特点：

① 装饰线条趋于简单，讲究质感的呈现，力求在奢华与简练之间取得平衡。

② 新旧相融合的冲突感。

③ 深浅对比的视觉效果。

④ 色调中加入金、银，同时配以玻璃、不锈钢，突出奢华时尚的气息。

案例B-3：在本案例设计中，设计师对整体空间布局作了相应的调整，如起居室划分出一个酒吧区域，在丰富空间之余，令客厅空间更显奢华（图2-39、图2-40）。

在选材方面，除了石材和木材，还用了金属和玻璃等现代材料，大大提升了质感的对比效果；软包皮革的大面积使用，在表现出尊贵的同时增添了几分现代感；配搭暖色的灯光效果，打破了沉闷的格调。整个空间的层次感、穿透性大大增强（图2-41、图2-42）。

图 2-39 起居室

图 2-40 起居室酒吧区域

图 2-41 餐厅

图 2-42 卧室

怀旧复古风潮仍是主流，现代的设计手法与欧式的时尚家具结合，经典、内敛的设计，朴实中透出一种奢华，复古风格与时尚元素融合为一体，含蓄地表现出对时尚古典奢华的追求。

三、乡村设计风格

乡村设计风格摒弃了繁琐与奢华，并将不同风格中的优秀元素进行融合，以舒适为导向，强调回归自然，更加轻松、舒适。色彩以自然色调为主，绿色、褐色最为常见，家具颜色多仿旧漆，式样厚重。

乡村设计风格的特点：

① 墙面选择自然、怀旧、散发着浓郁泥土芬芳的色彩，是乡村风格的典型特征（图 2-43）。

② 沙发、抱枕及窗帘多用碎花、格子或条纹面料（图 2-44）。

③ 木藤家具与铸铁装饰品，展现乡村浓厚的休闲气氛。

④ 家具多选用外形具有粗犷感的原木家具，突出质朴感（图 2-45）。

⑤ 装饰线条趋于简单（图 2-46）。

⑥ 设置室内绿化，营造自然、简朴、高雅的氛围。

图 2-43 色彩的运用

图 2-44 织物图案的选择

图 2-45 家具质感的体现

图 2-46 简洁的装饰线条

四、田园设计风格

田园设计风格的内涵是多元和丰富的，它不只是一种田园与怀旧的气氛，同时也可能是一种地区特质的呈现。

田园设计风格大致可分为法式、英式等风格，法式田园风格轻快流畅，英式田园风格严肃但典雅。

（一）法式田园风格

室内墙面装饰图案多采用对称式的造型设计，线条受法式宫廷风格的影响，多以曲线、弧线为主，整体显得优雅。墙面颜色淡雅，多选择灰绿色、灰蓝色、鹅黄色、藕粉色及比较女性的淡粉色系。材质上多采用樱桃木和铁艺相结合，外形简洁，尺寸纤细精巧（图 2-47）。

（二）英式田园风格

英式田园风格在空间中常以铁艺和原木材质来体现细致、典雅，同时华美的布艺以及纯手工的制品也是必不可少的。常使用偏亚麻质感的面料，布面花色秀丽，多以纷繁的花卉图案为主。家具色彩多以奶白、象牙白等白色系为主（图2-48）。

图 2-47 法式田园风格

图 2-48 英式田园风格

五、地中海设计风格

地中海设计风格多采用柔和的色调和大气的组合搭配，注重体现自然质朴的气息，如厚重的门窗、铸铁的把手、表面略显粗糙的水洗木与亚麻家具、彩色瓷砖加上室内水景的营造等，无不体现出自然质朴的气息和浪漫飘逸的情怀。因此，自由、自然、浪漫、休闲是地中海风格的精髓。

地中海设计风格的特点：

① 拱形门窗。地中海设计风格的建筑特色是拱门与半拱门、马蹄状的门窗。建筑中的圆形拱门及回廊通常采用数个连接的方式，在走动观赏中，体现延伸般的透视感。所以可借鉴建筑的特征在室内的墙体上（只要不是承重墙）运用半穿凿或者全穿凿的方式来塑造室内的景中窗或垭口，这是地中海风格的一个有趣之处（图2-49）。

② 色彩方案。地中海风格色彩丰富，饱和度高，体现色彩最绚丽的一面。按照地域出现了三种典型的颜色搭配：

一是蓝与白。这是比较典型的地中海颜色搭配，从西班牙、摩洛哥海岸延伸到地中海的东岸希腊。希腊的白色村庄与沙滩、碧海、蓝天连成一片，甚至门框、窗户、椅面都是蓝与白的配色，加上混着贝壳和细沙的墙面、小鹅卵石地、拼贴马赛克、金银铁的金属器皿，将蓝与白不同程度的对比组合发挥到极致（图2-50）。

图 2-49 拱形门窗

二是黄、蓝紫和绿。意大利南部的向日葵、法国南部的薰衣草花田，金黄与蓝紫的花卉与绿叶相映，形成一种别有情调的色彩组合，具有自然的美感。

三是土黄及红褐。这两种是北非特有的沙漠、岩石、泥沙等天然景观的颜色，辅以北非土生植物的深红色、靛蓝色，再加上黄铜色，带来一种大地般的浩瀚感觉。

③ 自然的线条。线条是构造形态的基础，因而在空间中是很重要的设计元素。地中海沿岸居民的房屋或家具的线条比较自然，不是直来直去的，因而无论是家具还是建筑，都呈现一种独特的浑圆造型（图2-51）。

④ 独特的装饰方式。家具尽量采用低彩度、线条简单且修边浑圆的木质家具，地面则多铺赤陶或石板。

马赛克镶嵌、拼贴在地中海风格中算较为华丽的装饰，主要利用小石子、瓷砖、贝类、玻璃片、玻璃珠等素材，切割后再进行创意组合（图2-52）。

在室内，窗帘、桌巾、沙发套、灯罩等均以低彩度色调和棉织品为主，素雅的条纹、格子图案是主要风格（图2-53）。

独特的铁艺家具也是地中海风格独特的美学产物。同时，地中海风格的家居还要注意绿化，爬藤类植物是常见的居家植物，小巧可爱的绿色盆栽也很常见（图2-54）。

图 2-50 楼梯间蓝白色的搭配，同时配以伊斯兰风格纹样

图 2-51 垭口的线条自然流畅

图 2-52 局部马赛克的运用　　　　　图 2-53 织物图案的选择　　　　　图 2-54 局部盆栽的点缀

六、东南亚设计风格

东南亚设计风格崇尚自然，在材质上广泛地运用木材和其他天然原材料，如藤条、竹子、石材、青铜、黄铜等，深木色的家具（图 2-55）。局部采用一些金色的壁纸、丝质的布料，色彩搭配斑斓高贵。家具和饰品多为手工制作，符合时下人们追求健康环保的理念，同时具有独特的异域风情（图 2-56）。

东南亚设计风格的特点：

① 崇尚自然，多采用天然材质，其中木材、藤和竹为室内装饰首选，使空间感觉自然、质朴。

② 空间主色调以黄色和橙色居多，还可使用橘红色、紫色、绿色、蓝绿色等，都是体现东南亚风情的主要色彩。

图 2-55 东南亚设计风格（一）　　　　　图 2-56 东南亚设计风格（二）

③ 室内装饰材料以木、石为主，墙面可采用砂岩、壁纸，局部辅以浮雕、木梁、漏窗等，这些都是东南亚风格中不可或缺的设计元素（图2-57）。

④ 独具特色的手工装饰品。东南亚装饰品的形状和图案多和宗教、神话相关。芭蕉叶、大象、莲花等都是装饰品的主要图案，为整体空间增加了几分禅意；同时局部空间点缀的纱幔、泰丝靠垫或抱枕，也是打造东南亚风格不可缺少的道具（图2-58）。

图 2-57 墙面设计

图 2-58 饰品陈设

七、中式设计风格

中式设计风格常运用隔扇、门罩、博古架、可移动的屏风等物件对空间进行多种划分（图2-59），如在公共区域多采用对称式布局，体现中庸大气（图2-60）；在空间的转折处加入参照物形成空间的"借景"与"对景效果"，营造丰富的空间视觉效果（图2-61）。顶部多采用天花藻井、雕梁、斗拱加以美化（图2-62）。在陈设上以中国字画和传统瓷器等作为点缀，数量不多，但可以起到画龙点睛的作用，营造出一种含蓄而高雅的氛围。

图 2-59 利用隔断划分空间

图 2-60 对称式布局

图 2-61 空间转折处的对景

图 2-62 天花藻井

在色彩处理上，北方宫殿建筑室内的梁、柱喜用红色，天花藻井内部图案丰富，用鲜明吉祥的色彩取得对比调和的效果。南方的建筑室内常用冷色调，白墙、灰砖、黑瓦，色调对比强烈，形成了江南特有的秀丽。

利用公认的中式造型符号，如红柱、大红灯笼、汉字的匾额及对联、中式传统花窗、明清风格的实木家具等元素，营造出中式传统文化的氛围。

八、现代简约设计风格

现代简约设计风格是当今最流行的风格式样。人们装修时总希望在经济、实用、舒适的同时，体现一定的文化品味。

简约并不意味着平淡，在形式上提倡非装饰的几何造型，利用细节展现空间品质；在色彩上提倡对比关系，展示个性；在风格上强调功能为设计的目的和中心；在设计对象的开支上，把经济问题放到设计中，从而达到经济、实用的目的。

现代简约风格设计特点：

① 形式追随功能，注重空间的实用性，反对过度装饰。

② 设计手法着重空间的处理，追求设计的秩序感，空间线条简约流畅。

③ 注意色彩与材质的个性化运用，空间色彩对比强烈，充分考虑光与影在空间中所起的作用。

④ 简洁的造型、高纯度的色彩、线条简洁的家具及软装配饰，都是现代简约风格不可或缺的元素。

案例B-4：本案例（图2-63）是一套充满现代气息的作品，精彩的细节彰显着个性，却又乖巧地统一在主体氛围之中。

客厅中，顶面按照原有的结构配合设计风格加以装饰，以纯白处理，达到增加空间高度的效果。地面的长条木地板与沙发后的斑马纹面板呼应，白底电视墙与纯白天花呼应，整个空间分割为两大块，在视觉上过渡自然，而茶几下的地毯通过局部面块的色彩对比，使空间在和谐中追求一种变化。沙发以天然的棉麻布料结合原木，比藤制沙发厚重，又比皮质沙发少了那份浮华，恰到好处地凸现了本案例的简约风格（图2-64）。

在这个有限的空间中，设计师采用通透木框延续整体空间，既通风又加强了光线的通透性（图2-65）。餐厅的设计交融着现代与古典的元素，线条简练的壁柜，两块木板隔开了特意镂空用来安放器物的墙壁，搭配突出的柜子，凹凸有致的交错丰富了单调的空间。风格简约、毫无雕饰的餐桌配上四把古典的圈椅，看起来毫无做作之感（图2-66）。

书房的设计，除了天花为白色，其他统一为同一色调的木具。墙面承接地面纹路而上，这样的空间既简约又创意丰富（图2-67）。

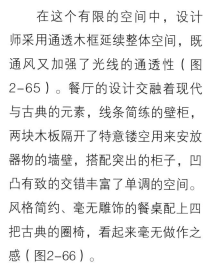

图 2-63 空间转折处的对景

图 2-64 客厅

图 2-65 客厅

图 2-66 餐厅

图 2-67 书房

九、自然主义设计风格

自然主义设计风格强调自然色彩 和天然材料的应用，并在此基础上创造出新的材质效果。在室内环境中力求表现悠闲、舒畅、自然的 生活情趣，常采用木、石、藤、竹等材质的质朴的天然材料，显示材料的纹理，巧于设置室内绿化，创造自然、朴素、高雅的氛围（图 2-68），满足人们向往自然、回归自然，以及对环境的原始性与自然性的强烈的心理追求，尤其体现在餐厅空间中（图 2-69）。

图 2-68 自然主义设计风格

图 2-69 自然主义风格餐厅设计

十、涂饰平面设计风格

简单的平面涂饰，在保留原有空间形态的前提下，既处理了空间，又丰富了室内空间形象，尤其在公共空间中，是较为适宜的一种设计手段。因为不受构件限制的涂饰易于更新变换，同时涂饰平面的设计手法可以简便、快速地改变场地面貌，以很少的投资便可把室内面貌快速改变（图 2-70）。

图 2-70 涂饰平面设计风格

十一、混搭设计风格

将不同风格、不同造型、不同材质的家具和装饰整合在一起，追求个性化和审美冲突感，相互配合又相互影响，既趋于现代实用，又吸取传统特征。例如，中式传统的家具配以现代风格的墙面及门窗、欧式的灯具和局部的东南亚手工制品等，巧妙融合多种风情于一体，展现空间的趣味性。

混搭设计风格特点：

① 利用不同形态、质感各异的家具，因不同风格的搭配而凸显品味。例如，乡村风格的布艺沙发与传统古典的皮质座椅的组合，白色木质的壁炉与时尚黑色水晶吊灯的组合等。

② 室内的壁纸、涂料虽然在色相上、质感上有明显区别，但纯度、明度相同，差异性较强，但风格融合一致。

③ 突出差异性带来的个性化，只要家具的质感好、设计好且工艺精良，都可以搭配设计。

案例B-5：本案例将中西文化完美地交融在一起。例如，客厅的电视柜、茶几、座椅、玄关柜、鞋柜等都具有传统的中式风味，沙发则采用欧式古典的式样（图2-71、图2-72）。餐厅墙身采用传统壁龛的窗格，而背面镶嵌的则是金箔墙纸；传统的餐桌上面摆放欧式古典花篮，欧式的卧室门与中式的雕花窗搭配（图2-73），独特的中式窗花吊顶与欧式古典风情的主灯相互交融成为整个装饰空间的特色之处，既现代又有浓浓的中国风情。

图 2-73 餐厅

图 2-71 玄关

图 2-72 客厅

本章小结

本章从居住空间的组织处理入手，对居住空间的规划进行了分析，同时针对不同的室内空间类型以及不同风格的室内设计进行了详实的介绍，有助于学生更好地理解居住空间并进行设计风格的定位。

思考与练习

1. 如何理解过渡空间在室内的作用？
2. 举例说明虚拟空间的分隔方式。
3. 传统欧式设计风格与现代欧式设计风格的区别在哪里？
4. 简述地中海设计风格的特点。

3 第三章 居住空间陈设与色彩运用

学习要点及目标

● 本章主要针对居住空间的陈设原则和色彩运用进行讲解。

● 通过对本章的学习，了解居住空间的陈设方法、作用，以及不同色彩所体现的空间个性特征。

引导案例

陈设设计是指设计者利用空间的特点，根据居住者的功能和审美要求，利用室内可移动的物品搭配出舒适、和谐的理想居住环境，给居住者以艺术的熏陶和高品味的享受（案例C-1）。

图 3-1 墙面陈设

案例 C-1：墙面陈设一般以平面艺术或小型立体装饰为主，并配以灯光照明。可以是规整的形式，也可以是较为自由活泼的形式。陈设品边缘要为家具留出20~30 cm的空隙，陈设品的色彩最好和家具中的部分色彩一致，有呼应的和谐美感（图3-1）。

桌面陈设一般均选择小巧精致，可以灵活更换的饰品。在装饰的同时，还应兼顾方便生活和学习（图3-2）。

橱柜陈设通常数量大、品种多。根据这一特点，可将相同或相似的饰品分别组成较有规律的主体部分或一两个较为突出的强调部分，然后反复安排，在平衡的关系中体现生动活泼的韵律美感（图3-3）。

落地陈设一般多为大型的装饰品，可布置在大厅中央作为视觉中心，吸引视线；也可放置在空间的角隅、墙边或出入口旁、走道尽头作为重点，起到视觉引导和对景作用（图3-4）。

悬挂陈设弥补了空间空旷的不足，丰富了室内空间的层次（图3-5）。

图 3-2 桌面陈设

图 3-3 橱柜陈设

图 3-4 落地陈设

图 3-5 悬挂陈设

第一节 室内陈设概述

一、室内陈设的作用

室内陈设并非一般性的设置，而是需要设计者巧妙构思，通过陈设品的搭配，塑造居住空间的风格，这是对建筑设计和室内设计的艺术延伸和补充。室内陈设以一定的思想内涵和精神文化为着眼点，对室内空间的形象塑造、气氛表达、环境渲染起到锦上添花、画龙点睛的作用。

图3-6以明代家具元素为基础，现代风格的红木茶几、座椅与沙发共同勾勒出一个充满中国文化情调，但又不失时代气息的空间。

图 3-6 室内陈设的作用

二、室内陈设分类

室内陈设可分为两种：一种是实用性陈设；另一种是装饰性陈设。

（一）实用性陈设

实用性陈设以生活实用为目的，能解决生活中某种物质需要。同时，由于陈设得当、造型新颖、色彩艳丽，能使人精神愉悦，具有审美的视觉效果，能起到一定的装饰性与欣赏性。如家具、灯具、各类织物、玩具等。

（二）装饰性陈设

装饰性陈设用品以它们自身的品味、组合有致，能取得应有的欣赏效果。这类陈设品多数具有浓厚的艺术趣味和强烈的装饰效果，或者被赋予深刻的精神意义和特殊的纪念性质。如雕塑、摄影艺术品、收藏品或其他装饰工艺品等。

第二节 居住空间陈设的布置原则

陈设品的展示不是孤立的，必须和室内其他物件相协调。利用形式美法则布置陈设品，协调住宅空间和陈设品之间以及空间，性质和陈设品特征之间的关系。

一、风格统一

陈设品的风格应与整体空间风格相一致，室内风格与陈设品之间的关系是相辅相成的，只有风格上统一，才能相得益彰，才能突出空间的特色，同时陈设品也能在和谐的环境氛围中得到体现。如传统中式风格多采用字画、匾额、挂屏、瓷器、古玩、屏风、博古架等陈设品，造型高雅别致，色彩古朴优美，做工考究，追求的是一种修身养性的生活境界（图 3-7）。

也可采取对比的方式，但必须少而精，风格不可过于冲突，以不破坏室内总的风格和形式为前提，如前面讲到的混搭设计风格。图 3-8 中的传统书法作品采用油画框装裱，通过局部装饰陈设与整体风格形成对比。

图 3-7 陈设品与整体室内风格的统一　　　　　　　图 3-8 陈设品与整体室内风格的对比

二、主次得当，比例和谐

选定主要陈设品与空间环境构成视觉中心，如传统欧式风格通常以放置壁炉的墙面为中心，可在壁炉上摆放小雕塑、瓷器等工艺品，壁炉上方悬挂油画、兽头、刀剑、盾牌等，通过陈设品的点缀，使这一区域成为空间的重点。同时，其他区域的陈设用来加强空间的层次，烘托气氛（图 3-9）。同一空间内，如没有重点陈设物，容易导致空间平淡。

室内陈设品的形态尺寸应与空间及家具的尺寸协调，形成良好的比例关系。狭小的空间不宜放大体量的陈设品。宽大的空间布置过小的陈设品，会显得空洞乏味，这时可通过陈设品之间的排列组合来形成秩序的美感（图 3-10），局部的色彩、材质、大小等变化也会产生有节奏的韵律感（图 3-11）。

图 3-9 欧式风格的陈设　　　　　　　　　　图 3-10 陈设的秩序美

图 3-11 陈设的韵律感

图 3-12 陈设品的选择

三、符合人们的生活习惯，展示空间美感

陈设是为人们服务的，陈设品的摆放、选择和布局要符合人们的使用和欣赏习惯，因为不同性别、不同年龄段的人们对审美有着各自不同的见解，这就要求在进行室内陈设时要充分考虑到居住者的实际情况，尊重他们的生活和审美习惯，在给人带来悦目美感的同时，还可以烘托空间氛围。比如居住者为中老年人，可选用造型稳重、色彩纯度低的工艺品、中式摆件等进行陈设（图3-12）。如果选用色彩丰富、形体夸张的陈设品对空间进行装饰，则显得不伦不类，既不符合居住者的欣赏习惯，同时形式和功能也与主题空间不相称，更谈不上给居住者带来悦目的美感。

四、体现居住者品味，提高生活品质

陈设品的布置与选择不仅能体现出居住者的文化背景、兴趣爱好及修养，还是居住者自我个性的一种表现。造型优美、格调雅致而且有一定文化内涵的陈设品，可以让居住者赏心悦目，接受艺术的熏陶，从而提高生活品味（图3-13）。此时，陈设品已超越本身的美学界限而赋予居住空间以精神内涵。

比如儿童房的陈设装饰，在满足功能需要的同时还要满足儿童的精神需要，这样有助于启迪智慧、开发智力、陶冶情操。可以摆放益智玩偶、动植物标本、地球仪、体育用品，墙上可以悬挂益智的卡通挂图等，还可以采取涂画的手法，画上蓝天、白云、动物等。这样，不仅在视觉上扩大了儿童的居室空间，又可让孩子充分发挥想象力（图3-14），能从知识性和趣味性等方面对孩子予以熏陶，达到素质培养的目的，让儿童养成活泼开朗、积极向上的性格。

图 3-13 陈设品文化内涵的体现

第三节 家具陈设设计

家具是指供人们坐卧、靠倚、间隔、储藏物品及从事日常活动的器具。它既是人们日常工作和生活的重要器具，又是室内陈设的主体，同时也是体现室内风格的重要部分，对空间环境有重要的影响。

一、家具与居住空间的关系

家具是居住空间的一个重要组成部分。居住空间设计的目的是创造一个更为舒适的工作、学习和生活的环境，这个环境包括顶棚、地面、墙面、家具及其他陈设品，家具是陈设的主体。

家具具有两个方面的意义。其一是它的实用性。在室内设计中与人的各种活动关系最密切，使用最多的是家具。其二是它的装饰性，家具是体现室内气氛和艺术效果的重要角色。在一个房间内，家具（指成套的家具而不是七拼八凑的）布置好，基本就定下了主调，然后再辅以其他陈设品，就构成室内环境。

家具与居住空间的关系如下：

（一）组织空间

在一定的空间环境中，人们

图 3-14 儿童房陈设品布置

从事的活动或生活方式是多种多样的。也就是说，对于同一室内空间，要求它有多种使用功能，而合理的组织和满足多种使用功能，就必须依靠家具的布置来实现。尽管有些家具不具备封闭和遮挡视线的功能，但也可以围合出不同用途的使用区域和人们在室内的行动路线。图3-15是为咖啡厅设计的，在空间内部利用火车厢式的座位，可以围合出若干个相对独立的小空间，以取得相对安静的用餐环境，由于多采用相对分隔，保证了视觉最大程度的通透性，家具的选择既保证了用餐的独立性、安静性，又保证了空间的流通性。

（二）分隔空间

在现代建筑中，为了提高室内空间使用的灵活性和利用率，常以大空间的形式出现，如具有共同空间的办公楼、具有灵活空间的单元住宅等。这类空间为满足使用功能，通常通过家具进行分隔，选用的家具一般具有适当的高度和遮挡视线的作用。

图 3-15 组织空间

图 3-16 分隔空间

在居住空间中，使用面积是极其宝贵的，如果用自定的隔墙来分隔空间，必将占用一定的有效使用面积。因此，利用家具分隔空间，可以达到一举两得的目的。作为分隔用的家具，既可以是半高活动式的，如活动屏风，也可以用柜架做成固定式的（图3-16）。这种分隔方式既能满足使用要求，在空间造型上得到极其丰富的变化，同时又可获得许多有效的储藏面积。

（三）填补空间

在居住空间中，经常会出现一些尺度低矮的难以正常使用的空间，但布置合适的家具后，这些无用或难用的空间就可以利用起来了（图3-17）。

（四）塑造空间

家具的存在塑造了室内空间形态，通过众多家具的精心设计组合就构成了环境。例如，通过一组书柜的设计改变原有的墙体形态，使墙体有了深度方向的层次与变化；同样是具有睡眠功能的卧室，由于选用的床具类型不同，室内空间的形态构成会产生明显的变化（图3-18）。由此可见，家具形态组织成为塑造空间的重要环节。

图 3-17 填补空间

图 3-18 塑造空间

（五）优化环境

当前，追求生存环境的优化已成为时代的主旋律。家具作为居住空间的一个重要组成部分，除了是人们生活必不可少的物质，从不同角度反映人们文明的进步程度外，在设计家具的时候，更要考虑优化环境。将环保因素融入到家具设计中，将环境性能作为家具设计的出发点和目标，力求将家具对环境产生的负面影响降到最小。图3-19中，左图所示为利用废旧报纸设计的一把凳子，通过废旧报纸的再利用，没有任何附加装饰，是环保意识的重要体现；右图所示是将废弃的木材重新设计的座椅，也是一种资源的再生创意。

图 3-19 利用废弃物设计的家具

二、居住空间家具陈设方式

居住空间家具的陈设布置既要满足视觉上的审美原则，也要兼顾空间使用功能的要求，体现实用与审美的统一。

（一）规则型

家具以对称形式出现，体现出空间均衡稳定的状态，感觉庄重大方。一般起居室通常采用这种形式，从而获得均衡协调的美感。其特点是线条对称流畅，常常通过家具的排列组合、线条连接来体现。直线雅致庄重、沉稳平静，曲线线条流动较快，给人以活跃感（图 3-20）。

（二）自由型

这是一种以不对称的、有规律的变化呈现的形式，给人轻松的感觉。休闲区或娱乐区常用这种形式。比如电视柜高低配合，形成起伏变化。又如将家具摆放在空间一侧，留出另一侧空间作为交通区域，将动、静区域分开，区域功能明确（图3-21）。

（三）中央型

将家具布置在室内中心位置，留出周边空间，强调家具的重要性，周边为活动区域，保证中心区域不受干扰和影响。卧室常采用这种布局（图3-22）。

（四）围合型

家具沿着四面墙壁布置，留出中心位置活动（图3-23）。

图 3-20 规则型

图 3-21 自由型

图 3-22 中央型

图 3-23 围合型

总之，不管采用什么形式陈设家具，都应结合空间特点，大小相称，错落有致，真正发挥家具在居住空间的作用。

综上所述，陈设设计是居住空间不可分割的重要组成部分，是在居住空间设计的大体创意下，作进一步深入细致的具体设计工作，体现文化层次，以获得增光添彩的效果。

第四节 室内色彩设计

在空间设计中，色彩占有重要的地位。即便空间形式、家具和陈设布置再好，若无好的色彩表达，最终还是失败之作。因为色彩比形状具有更直观、更强烈、更吸引人的魅力，因此色彩处理的好坏，常会对整体空间产生很大的影响，所以学习和掌握色彩的基本规律，并在设计中加以恰当的运用，是十分必要的。

一、色彩的三要素

色彩学上将色相（色调）、明度（亮度）、纯度（彩度）称为色彩的三要素，或称为色彩的三种基本属性。

（一）色相

是指各种色彩的相貌和名称。如红、橙、黄、绿、蓝、紫、黑、白及各种间色、复色等都是不同的色相。所谓色相，主要是用来区分各种不同的色彩。

（二）明度

也称亮度，即色彩的明暗程度。明度有两种含义：一是指色彩加黑或白之后产生的深浅变化，如红加黑则愈加暗、浓；加白或黄则愈加明亮；二是指色彩本身的明度，如白与黄的明度高（色彩明快），紫的明度低（色彩暗淡），橙与红的明度和绿与蓝的明度介于前两者之间。

（三）纯度

纯度也称彩度，是指色的鲜明程度，即色彩中色素的饱和程度。原色和间色是标准纯色，色彩鲜明饱满，所以纯度亦称正色或饱和色。如加入白色，纯度减弱（称为未饱和色），而明度增强了（称为明调）；如加入黑色，纯度同样减弱，明度也随之减弱，则为暗调。

二、色彩的效应

色彩的效应可分为物理效应和心理效应。所谓物理效应就是反映冷暖、远近、轻重、大小等，这不但是由于物体本身对光的吸收和反射不同的结果，而且还存在着物体间相互作用的关系所形成的错觉。心理效应则是人们通过观察不同的色彩所产生的不同心理变化。

（一）色彩的物理效应

1. 冷暖感

在色彩学中，把不同色相的色彩分为暖色、冷色和温色，从红紫、红、橙、黄到黄绿色称为暖色，以橙色为最暖。从青紫、青至青绿色称为冷色，以青色为最冷。这和人类长期的感觉经验是一致的，如红色、黄色使人联想到太阳、火等，感觉温暖；冷色（如蓝色）使人联想到海洋，感觉凉爽。但是色彩的冷暖既有绝对性，也有相对性，愈靠近橙色，色感愈暖，愈靠近青色，色感愈冷。如红比橙较冷，红比紫较暖，但不能说红是冷色。

2. 距离感

色彩可以使人感觉进退、凹凸、远近的不同。一般暖色系和明度高的色彩具有前进、凸出、接近的效果，而冷色系和明度较低的色彩则具有后退、凹进、远离的效果。室内设计中常利用色彩的这些特点去改变空间的大小和高低。图3-24为了衬托出室内浅色的家具，使之感觉更为亲切，地面颜色选择采用深色，将房间的尺寸感缩小，使空间中家具的色彩突出。

3. 重量感

色彩的重量感主要取决于明度和纯度。明度和纯度高的显得轻，如桃红、浅黄色；明度和纯度低的显得重，如黑色、熟褐等。在居住空间设计中常以此达到平衡和稳定的需要。图3-25中卧室色调气氛略为浓重，显得大气稳重，大型的落地窗选配白色的窗帘作为调剂，再配上几朵纯洁的白莲，整个空间又变得明亮起来。

4. 尺度感

色彩对物体大小的作用，包括色相和明度两个因素。暖色和明度高的色彩具有扩散作用，因此物体显得大；而冷色和暗色则具有内聚作

图 3-24 距离感

图 3-25 重量感

图 3-26 尺度感

图 3-27 华丽感

用，因此物体显得小。室内物体的大小和整个室内空间的色彩处理有密切的关系，可以利用色彩来改变物体的尺度、体积和空间感，使室内各部分之间的关系更为协调。图3-26由于室内空间面积较大，所以在家具色彩的选择上采用了与墙面对比的方法，借以突出家具，同时发挥墙面的背景作用，以减少房间的空旷感。

（1）空间偏小且方正：地面色彩可选用深浅适中的较为柔和的中性色调，墙面选用更浅的色调，而门框及窗框采用与墙面相近或相同的色彩可以有效地调节空间感受。

（2）顶棚偏高：要降低顶棚的视觉高度，可用暖色调、明度稍低的色彩来装饰顶棚。但要注意色彩不要太暗，以免使顶棚与墙面形成强烈的反差，造成过度的压抑感。

（3）顶棚偏低：顶棚的色彩可使用浅色或白色，也可选用比墙面淡的色彩，以此从视觉上提升顶棚的高度感。

5. 华丽和质朴感

明亮、鲜艳的色彩，显得生机勃勃，会使人感到华丽（图3-27）；而灰暗、素雅的色彩会使人感到质朴，这就是色彩的华丽和质朴感。一般来讲，高纯度色显得艳丽，低纯度色显得朴素。色彩的华丽程度和光泽也有关系，同一色相，有光泽感的显得华丽，无光泽感的显得质朴。

（二）色彩的心理效应

色彩有着丰富的含义和象征，不同的色彩会对人们的心理产生不同的心理效应。如处在红色、橙色和黄色环境中，人的心理会产生温暖的感觉，而见到蓝色，产生的心理效应则是安静、凉爽，甚至寒冷。这是因为红色、橙色和黄色都属于暖色，而蓝色属于冷色（表3-1）。

表 3-1 色彩的心理效应

色相	联想实物	心理效应
黑	远山	坚实、含蓄、庄严、肃穆、黑暗、罪恶
白	雪	明快、洁净、纯真、平和、神圣、光明
灰	土地	朴实、平凡、空虚、沉默、忧郁
红	血、火光	热烈、华美、华贵、愉快、喜庆、愤怒
橙	太阳	明朗、甜美、柔和、扩张、热烈、华丽
黄	帝王服饰、宫殿	温暖、光明、强烈、扩张、轻巧、干燥
绿	森林、草地	新生、青春、茂盛、安详、宁静、健康
蓝	大海、天空	凉爽、湿润、收缩、沉静、冷淡、锐利
紫	将相服饰	优雅、高贵、神秘、不安、柔和、软弱

三、色彩的对比与调和

色彩的对比与调和是矛盾并互为依存的两个方面，离开任何一方都无法单独成立。绝对的对比会产生刺激，绝对的调和会显得贫弱，所以运用对比手法时要特别注重找到调和的因素。反之，在运用调和的手法时，也不能忽视辅以适当的对比。

（一）色彩的对比

当两种或两种以上的色彩以空间为基点进行比较时，能看出明显的区别，并产生互动效应，称为色彩对比。色相、明度、纯度三种要素处于对比状态时，色彩更富于活泼、生动、鲜明的效果。

1. 色相对比

不同色彩并置，在比较中呈现色的差异为色相的对比。把它们并置在一起，可以使对方的色彩更加鲜明（图3-28）。

2. 明度对比

一般来说，明度高的色彩具有向外的前进力，明度低的色彩具有后退、收缩感。明度高时物体让人感到光滑，反之则显粗糙。如果想使室内某一形体更为突出，必须使它和周围的色彩产生较强的明度差；相反，则要减弱它与背景间的明度差（图3-29）。

3. 纯度对比

纯度是指色彩强弱程度，与色相和明度无关。在纯度对比中，尽量避免大面积对比。纯度对比主要是在灰暗的环境中用高纯度的色彩来突出对象。图3-30通过局部纯度对比使电视背景墙更加突出，形成空间重点，同时沙发墙面局部图案化的色彩与电视背景墙色彩相呼应。

4. 冷暖对比

在室内采取冷暖对比，通常的方法是以某一色（如暖色）作为基调，再配以小面积的对比色（冷色）来衬托（图3-31）。

图 3-28 色相对比 　　　　　　图 3-29 明度对比 　　　　　　图 3-30 纯度对比

图 3-31 冷暖对比 　　　　　　　　　图 3-32 面积对比

5. 面积对比

　　色彩的面积对比是指两个或两个以上的色块的大与小之间的对比。运用色彩对比的最大难题就是如何确定色彩面积的大小。对于高明度、高纯度的色彩，其面积一般宜小不宜大，否则视觉效果过度强烈会引起眼部不适（图 3-32）。

　　（二）色彩的调和

　　调和是在色彩搭配中，当两种或两种以上色彩并置在一起时给人以视觉上的协调感，也就是将对比的幅度控制在一定范围内，增强色彩之间的统一感和秩序感。

　　色彩调和的方式有两种：一种是统一中求变化，称为类似调和。类似调和强调色彩要素的共性关系，追求色彩关系的统一性（图 3-33）。第二种是变化中求统一，称为对比调和。在兼顾色彩个性的同时，注重色彩的协调感（图 3-34）。

图 3-33 类似调和

图 3-34 对比调和

四、室内色彩的配置方法

　　色彩是室内设计中最经济的手法，往往只要花少量的钱，就可以使室内环境焕然一新，变得多姿多彩，令人赏心悦目。因此，当选定一种配置色彩手法后，环境装饰色彩的范围实际上就被限制了。

（一）同种色配置

　　同种色配置是指一种色相的深浅变化。如环境整体色彩确定为米色，那么室内环境装饰陈设的色彩必须在米色的同种色中选择，只能在冷暖、明度、纯度上加以调节变化，只能在照明光影上想办法，这样的环境色彩会非常协调统一、端庄大方。在同种色的运用中适当加入黑色、白色，也能使室内环境活泼生动（图3-35）。

图 3-35 同种色配置

（二）邻近色配置

　　以邻近色为主的室内环境色调，在现代居室内较为广泛采用，它比单色要丰富、悦目。任何一种色彩都有"左邻右舍"，以红色为例，它的"左邻"为橘红、玫瑰红、大红、土红、洋红、粉红等色，它的"右

舍"包括含有红色成分的土黄、紫、棕、红灰、紫灰等色。此类色调要
注意巧妙运用面积大小、明暗层次、色彩纯度、主次变化等进行实际比
较（图3-36）。

图 3-36 邻近色配置

（三）对比色配置

对比色运用是较为活泼的手法，在一般情况下，应注意面积大小的
差异、色彩纯度上的对比、色彩明度上的对照等。切勿大面积对比造成
过于强烈的感觉，对人的视觉刺激太大，会产生不舒适感，如果对比面
积较大，往往需要采用无色系（黑、白、灰）、中色系（金、银）作为
过渡，从而获得和谐效果（图3-37）。

图 3-37 对比色配置

第五节 居住空间色彩分类

一、背景色彩

背景色彩主要指室内固定的天花板、墙壁、门窗和地面等建筑设施的色彩。由于它们的面积较大，所处环境为室内的主要衬托面，必须充分发挥其作为背景色彩的衬托作用。在选择墙纸、粉刷墙面、选择装饰材料时应充分考虑这一因素，选择纯度较弱的色彩（图3-38）。

背景色彩太鲜艳，其结果必然 会导致室内环境喧宾夺主。不管是冷色还是暖色，都要适量含有一定的灰色。

二、主体色彩

主体主要指室内环境中可以移动的家具、织物等。主体色彩实际上是构成室内环境色彩的最主要部分，是组成各种色调的基本因素。

（一）家具色彩

家具是室内陈设的主体，是表现室内风格的重要因素，其色彩常成为控制室内环境的主体色彩。

一般来讲，浅色调家具富有朝气，具有亲切感（图3-39），深色调家具显得庄重（图3-40），灰色调的家具显得柔和、典雅，多种色彩适当组合的家具生动活泼。在现实生活中，以浅灰色调最为常用。当然，家具的色彩还要与墙面协调，使整个房间统一和谐。

图 3-38 背景色彩在室内的应用

图 3-39 浅色调家具

图 3-40 深色调家具

（二）织物色彩

织物包括窗帘、床罩、台布、沙发、地毯等蒙面饰物，由于织物在室内的覆盖面积大，所以对室内色彩的营造起很大作用。由于织物的用处不同，对色彩的要求也不一样，应从实际需求的角度考虑配色。

例如，地毯的选择首先要考虑室内的整体风格。家具及墙面装饰较复杂时，应选择色彩单一的地毯；若家具与墙面缺乏对比时，可选择色块分割较大的地毯，以活跃室内气氛（图 3-41）。窗帘色彩的选择很大程度上取决于季节的变换。通常，夏季窗帘颜色宜"素、淡、雅"，冬季则以偏暖的色彩为宜。在窗帘图案的选择上，在房间面积不大时，以小型图案为主，文雅、安静，同时还具有扩大空间的效果；而大型图案简洁、醒目，能给人以深刻印象，产生内向收缩的效果（图 3-42）。

图 3-41 通过地毯图案色彩对比家具、墙面

图 3-42 通过织物纹样突出室内特点

三、点缀色彩

点缀色彩是指室内环境中最易变化的小面积色彩，它像砝码一样活跃在各类不同的空间环境中，起到对比、跳动、装饰美化作用。室内绿化是不可忽视的，植物有着不同的姿态色彩，对于丰富空间环境、增强生活气息、软化空间有着特殊的作用。但当室内色彩足够丰富时，点缀色也不必勉强。图 3-43 中墙面丰富的点缀色彩装饰及局部的绿化布置既丰富了空间的色彩层次，同时也为整个空间增添了温馨与活力。

当然，以什么为背景色、什么为主体色，并不是一成不变的。在实际应用中，可以随时根据需要将主体色彩和背景色彩通过不同的位置和面积中表现出来，产生更为灵活的视觉效果。

例如，墙壁、门窗，甚至顶棚和地板的颜色，在一般情况下虽然多数被处理为背景色彩，但同样可以选取其中一部分作为主体颜色。家具虽然可以作为表现主体色彩的部位，但同样可以处理成为背景色。图 3-44 利用色彩将室内的一个墙面与其他背景墙面进行划分，使其成为空间重点区域。

图 3-43 点缀色在室内的应用　　　　图 3-44 主体色与背景色互换

第六节　居住空间主要区域色彩设计

室内色彩力求和谐统一，通常使用两种以上的色彩进行搭配，展现色彩的和谐美。由于室内空间的布置也是可以变化的，随着功能的不同，色彩配置也不尽相同，应根据构思与实际情况采用不同的色彩层次调整主次关系，以突出室内既定的色彩方案。

一、玄关

玄关是居住空间内外的过渡，也是迎送客人的通道。相对于其他空间，玄关面积较小，体现温暖、优雅的气氛，色彩上宜选择暖色和明度较高的色彩，这样可以显得空间敞亮，通过色彩自身的特点弥补空间的不足（图 3-45）。

二、起居室

起居室是家庭活动的中心，除用于休息外，也是会客和娱乐聚会的空间。它是居住空间中功能涵盖最多、最引人注目、最能体现风格的空间。由于其中的家具、陈设品较多，所以色彩主要起衬托作用，最好选用带有一定色彩倾向的偏灰度颜色，这样既可以与家具、陈设品和谐搭配，又可以使视觉不受到强烈的刺激，同时还可以利用空间中的一个主要墙面作为主体墙面，与其他墙面进行色彩对比，以集中视线，突出重点（图 3-46）。

图 3-45 玄关的色彩设计　　　　图 3-46 起居室的色彩设计

三、卧室

卧室是人们睡眠休息的地方，所以不宜选择鲜艳、刺激性的色彩（儿童房例外）。一般卧室的色彩最好偏暖、柔和些，以利于休息和睡眠（图3-47）。

当然，对于色彩，不同年龄的要求差异是比较大的。如儿童房的色彩以鲜明、明快为主，多用纯色和高纯度或中纯度的色彩，且多用对比呈现效果。此外，儿童房还可选用多种色彩的组合，以促进儿童智力的发展。男孩房间一般可选用黄、绿、蓝色组合，这种组合具有幻想力，塑造出欢乐和活泼的气氛；女孩房间一般可选用粉红色或接近于粉红色的色彩。进入青少年以后，男孩房间宜采用以淡蓝色的冷色调为主的色彩；而女孩房间宜采用以淡粉色的暖色调为主的色彩（图3-48）。

老年人的卧室在色彩的选择上应偏重古朴、平和、沉着的装饰色，如乳白、乳黄等素雅的颜色。只要对比不太强烈，就能有好的视觉效果（图3-49）。

四、书房

书房是学习、思考的空间，应避免强烈的刺激。为创造出明亮、宁静的气氛，书房可选择米、棕、蓝、绿、灰等色彩，尽量避免跳跃和对比色。光线一定要充足，色彩的明度要高于其他房间（图3-50）。

图 3-47 卧室的色彩设计

图 3-48 儿童房的色彩设计

图 3-49 老人卧室的色彩设计

图 3-50 书房的色彩设计

五、餐厅

餐厅的色彩会影响人们就餐时的心情，应以明朗轻快的色调为主，一般多采用暖色。据分析统计，橙色以及相同色系的颜色是餐厅最适宜也是使用较普遍的色彩，因为这类色彩有刺激食欲的功效，不仅给人温馨的感觉，而且可以提高进餐兴致，促进人们情感的交流，活跃就餐气氛。也可以用其他手段来进行巧妙的调节，如灯光的变化，餐巾、餐具的变化，装饰花卉的变化等，处理得当的话，效果会更明显（图3-51）。

六、厨房

厨房不宜使用反差过大的色彩，如果色彩过多过杂，在光线反射时容易改变食物的自然色泽而使操作者烹煮食品时产生错觉。通常以白色或浅色调为主，给人以明亮、清爽、干净的感觉，同时在视觉上还可以扩大空间（图3-52）。

图 3-51 餐厅的色彩设计

图 3-52 卫浴间的色彩设计

图 3-53 厨房的色彩设计

七、卫浴间

卫浴间的色调应以素雅、整洁为宜，色彩通常以乳白色最佳，给人以明亮清洁感。当然，人们对色彩的感知和认知并非长久不变，现在也有以深色为主色调的，局部采用高纯度的色彩进行对比。两种效果各有特点：第一种简明、轻松，一般家庭选择较多；第二种极具个性（图3-53）。

居住空间的色彩搭配应采用大调和、小对比的办法，使整体色彩和谐统一，室内色调主次分明并相互衬托，达到妙趣横生而又舒适温馨的效果。

案例 C-2：本案例中，设计师利用灯光色彩营造浪漫的氛围。整个空间简而不空，满而不乱。

客厅以淡雅的色彩为主调，配以同色系的布艺沙发和灯饰，尽显舒适和优雅。白色的毛毯传达出浪漫唯美的感情，金银两色的靠垫则彰显着贵族的气质（图3-54）。墙上的剪影勾勒出女人优美的线条，还有灵动的蝴蝶，给客厅增添了一抹生动的色彩，充满活力（图3-55）。

曲线的运用为整个餐厅注入了浪漫的艺术元素，雕塑的曲线、灯的曲线以及墙面上的曲线相呼应。色彩上，在黑白为主的简洁优雅中，红色桌毯带来视觉上的新鲜感（图3-56）。

主卧的风格不同于客厅的现代风格，而是注入了中式味道，弥漫着中式复古的民族风情，木质家具带来平和沉静之感，图案也颇具中国特色。红黄色调的床单，充溢着舒适与平和（图3-57）。儿童房以黑白灰为主色调，强调了学习的氛围，红色的玩偶又不失童趣（图3-58）。

色彩对比强烈的厨房宽敞明亮，设计紧凑，布局合理。整体橱柜的表面加工成镜面的效果，倒映出室内的每一个角落，使人眼前一亮（图 3-59）。门口处迷你吧台的设计调节了厨房内的硬朗气质，黑白立体组成的点阵吧椅活泼跳跃（图3-60）。

卫浴间的设计独具匠心，马赛克瓷砖通过镜子的反光更显神采，为简约基调的卫生间带来别样的神秘气质，既增加了空间层次感，又倍具装饰感（图3-61）。

图 3-54 客厅的色彩设计（一）

图 3-55 客厅的色彩设计（二）

图 3-56 餐厅的色彩设计

图 3-57 主卧的色彩设计

图 3-58 儿童房的色彩设计

图 3-59 整体橱柜的色彩设计

图 3-60 吧台的色彩设计

图 3-61 卫浴间的色彩设计

本章小结

　　本章对居住空间的陈设与色彩设计进行了系统分析，明确了两者与室内环境的关系，同时针对居住空间各区域的陈设品与色彩要求进行了详实的分析介绍，有助于学生更好地理解陈设和色彩与居住空间的关系。

思考与练习

1. 如何理解陈设在居住空间的作用？

2. 如何理解家具在室内环境中的作用？

3. 家具的分类是以什么作为依据的？

4. 如何理解背景色彩与主体色彩之间的关系？

5. 在设计中，如何运用色彩的特性来体现不同的居住空间特点？

第四章 居住空间照明设计

学习要点及目标

● 本章主要针对居住空间的照明设计知识进行讲解。

● 通过对本章的学习，了解居住空间照明设计的方式、原则以及不同区域照明布置的特点。

引导案例

照明设计是居住空间设计的重要组成部分。没有足够的光线，看不清室内的任何物体，就不能正常地进行各种活动。照明设计既满足了实用功能的要求，又满足了精神功能的需求（案例 D-1）。

案例 D-1： 灯具的设计和灯光的布置应符合居住空间的功能，体现空间的性质。如果不能满足功能需要，其他的意义都将失去立足之本（图4-1）。玄关是人进入室内产生最初印象的地方，灯具的位置要安置在进门处，可选择吸顶式灯具，其照明效果好，便于清洁。在此基础上配搭隐藏式灯具和嵌入式灯具，整体效果优雅和谐，既丰富了空间的造型变化，增加了光源层次，同时也营造出宽阔开朗的视觉效果（图 4-2）。

图 4-1 客厅照明

图 4-2 玄关照明

第一节 室内照明的基本知识

在住宅环境中,保持一个适当的照明环境是极为重要的。光作为人与空间的主要媒介,不仅满足了人们基本的视觉功能需要,而且能创造特定的空间环境,直接影响人们对各种信息的感知,同时也是构成视觉美学的基本因素。所以必须加以认真对待,为人们的生活提供合理、舒适的高质量照明。

一、室内照明的概念

光源可分为自然光源和人工光源。自然光源具有明朗、健康、舒适、节能的特点,但自然采光会受房间方向、位置和时间的影响。

人工光源可以通过人工手段达到照明,即室内照明。其具有光照稳定,不受房间方向、位置的影响等特点,可以人为地加以调节和选用,所以在应用上比自然光源更为灵活。人工照明具有功能和装饰两方面的作用。

(一)功能

空间内部的自然采光受时间和场合的限制,所以需要通过人工照明补充,在室内营造一个人为的光亮环境,满足人们视觉和工作的需要。

(二)装饰

除满足照明功能之外,还要满足美观的要求。尤其对于室内的重点区域,为了使之更加突出,就更离不开照明了(图4-3)。

这两个方面在人工照明设计中是相辅相成的。根据空间的功能不同,两者的比重各不相同,如工厂、学校等场所需从功能上考虑,而休闲、娱乐场所则更强调艺术效果。

二、灯具的种类

作为人工照明系统中最直接的媒介形式,照明灯具不仅仅提供人类活动所需的基本亮度,而是以多种造型出现于室内空间中,成为室内装饰的主体部分之一。

(一)吸顶式灯具

吸顶式灯具就是将灯具吸附在顶棚表面,有白炽灯和荧光灯等。灯具形态各异,常用于客厅、过道、阳台等处。由于所占空间少,主要用于建筑梁架不高的空间。由于灯具的位置处于室内空间的最高处,光线的辐射一般不会受到阻碍,所以照明效率很高,但由于紧贴顶棚,其造型的立体可视性以及观赏性受到限制,所以吸顶式灯具相对于垂吊式灯具装饰性较弱,主要强调其实用功能。

从广义上讲,无论灯具的造型和照射方向如何,直接安装在顶棚的灯具均可称为吸顶式灯具(图4-4)。

图4-3 照明的强化装饰

图4-4 吸顶式灯具

（二）垂吊式灯具

垂吊是一种历史悠久并且应用广泛的灯具装置方式，它主要利用杆、管、线、链等不同材料，将光源体垂吊在顶棚和地面之间，从而达到照明的目的。通常安装在客厅、餐厅和面积较大的卧室。

垂吊式灯具由于悬置于半空中，其造型的可视角度是全方位的，而且通常情况下，垂吊灯具的周围空间中，近距离之内一般无其他装饰或构件作为陪衬，所以其个体造型的空间装饰要求很强。例如水晶吊灯常常作为主体装饰出现在室内空间中，呈现出高雅、豪华的效果（图4-5）。

（三）附墙式灯具

常作为辅助光源，设置于走廊、过道、楼梯或装饰物上。例如，卫生间手盆上方的镜前壁灯为人们的洗漱、美容提供了必要的照明亮度。

由于附墙式灯具的安装位置大多都在人们正常的可视范围之内，所以其造型的装饰功能是不容忽视的。在大型公共空间的设计中，附墙式灯具的装饰性不仅表现为灯具本身的造型，更体现在灯光对于照明对象（墙壁、柱子）在色彩、图案、质感等方面的强化作用（图4-6）。

图4-5 垂吊式灯具

图4-6 附墙式灯具

（四）隐藏或嵌入式灯具

在不需要直接照明光线的室内空间中，照明灯具往往会被某些人工装饰结构所遮挡，使其光亮从侧面或装饰缝隙中露出来，从而形成隐藏式的灯具装饰方式。隐藏式照明灯具往往与其遮挡结构相结合，光线柔和、温馨，对于居室的环境气氛起到独特的烘托作用，因此适用广泛，任何装饰墙体、顶棚、地面，甚至非使用功能性的家具均可将或明或暗的照明灯具安置在其后，加强其装饰性（图4-7）。有些照明器皿不直接裸露，或不宜突出于安装平面，如内置筒灯、牛眼灯等，此时的照明灯具可以安装在顶棚、墙壁、地面或者家具、装饰物的内部，称为嵌入式灯具（图4-8）。

图4-7 隐藏式灯具

图4-8 嵌入式灯具

（五）活动式灯具

活动式灯具可以根据室内空间活动的不同需求随意安置。活动式灯具多为台灯、落地灯等形式，因离需求者的距离较近，通常做工精美、造型小巧（图4-9）。

三、居住空间照明方式

人们对住宅环境照明的要求不是一成不变的，读写和欣赏、休息和运动等不同的行为要求不同的光照环境。因此，正确地认识不同的照明方式，对人们进行合理的设计有很大的帮助。

（一）整体照明

为照亮整个空间场所设置的照明。通常利用悬挂在天花板的固定灯具进行照明，光源的照射既可以采用直接式的（图4-10），也可以通过天花板的反射形成间接式的（图4-11）。整体照明的特点是可以让整个空间均匀柔和地受到光照，照度面广。一般工作、阅读照明时，常以局部照明辅助。

图4-9 活动式灯具

图4-10 直接式整体照明

图4-11 间接式整体照明

（二）局部照明

局部照明通常指专门为某个局部设置的照明。特点是照明集中，局部空间照度高，对于较大空间不会形成光源干扰，节电节能。如书房台灯，卧室床头灯、壁灯，卫浴间镜前灯等（图4-12）。

图4-12 局部照明

（三）装饰照明

装饰照明是利用灯具本身的造型款式和灯光效果增加空间环境的韵味和活力，是局部照明的一种表现形式。装饰照明虽然也兼顾一定的功能性，但更多强调的是其对空间的装饰作用，并形成各种环境气氛和意境。图 4-13 利用灯具自身独特的造型款式和灯光效果增加空间中小环境的优雅情趣。

（四）综合照明

整体照明与局部照明相结合就是综合照明。常见的综合照明是在整体照明的基础上，为需要提供更多照明的区域或景物增设照明，体现光源层次，强调室内的装饰效果（图 4-14）。

图 4-13 装饰照明

图 4-14 综合照明

第二节　室内照明布置原则

（一）满足空间的使用功能

为了提高居住空间的舒适性，保持适当的空间亮度和对比是非常重要的。在这一点上，如果仅靠空间的整体照明，势必缺乏亮度变化，造成空间的美感不足。优秀的空间照明设计应根据不同的环境设计出有变化且富有层次感的亮度分布（图 4-15）。

图 4-15 满足室内不同区域的照明需求

局部照明和装饰照明在居住空间中也是不可忽视的重要部分，造型优美的灯具本身就是很好的环境装饰品。在沙发、书桌和床头等区域，通常设置局部照明，在提供照度的同时，灯光的辐射在空间中圈定出一定的范围，以一种或清晰或模糊、无形却可视的界定方式与其他功能区域分割开来。图4-16中，台灯或落地灯的水平高度和人们在阅读时的眼睛高度基本属于同一空间水平，为人们提供一种近距离的亲密空间，感到温馨舒适。同时，台灯或落地灯借助灯罩的遮挡在空间中形成锥形的明亮区域，无形中将使用者包围在统一的灯光之下。

（二）强化空间的装饰功能

照明系统利用灯光的颜色、照射角度、明暗强度等手段，突出、强调空间中的装饰界面或某一物体的特质，达到充分发挥其装饰功能的目的。一个粗糙的表面在正常日光或者光线垂直照射的情况下，其材料的组成、颜色清晰可见；而表面平滑的表面，其照射效果显示的质感和肌理效果并不强烈，将照明光源移至较为偏斜的角度时，材质、色彩就会变得混沌不清，但表面的凹凸会借助光影的明暗关系被夸张、放大（图4-17）。因此，照明灯光要明确其被照对象以及照射目的，才能充分发挥其装饰作用。

（三）参与组织空间

灯具的形态和灯光具有相对的独立性，可以让各区域自成一体，划分出虚拟空间。通过照明的设置，形成空间的导向性，把人的注意力引向既定的目标（图4-18）。

图 4-16 室内的局部照明

图 4-17 强化空间装饰效果

图 4-18 灯光与室内造型相结合组织空间

（四）渲染空间氛围，体现环境特色

首先，灯具的造型能体现出不同时代、不同民族和地区的室内环境风格。传统欧式建筑常用华丽的枝型吊灯，强调以华丽的装饰、浓烈的色彩、精美的造型达到雍容华贵的装饰效果，注重曲线造型和色泽上的富丽堂皇（图4-19）。传统中式灯具多以镂空或雕刻的木材为主，造型讲究、精雕细琢，图案多为如意、龙凤、京剧脸谱等中式元素，祥和的灯光和古朴的造型充满朴实隽永的韵味，强调传统的文化神韵。

其次，灯光的强弱和色彩也能影响人的感受和情趣，营造不同的气氛。适度柔和的灯光让人轻松愉快，暗淡微弱的灯光让人昏昏欲睡。卧室的暖色灯光使人感到温馨和睦，书房的冷色灯光让人觉得冷静沉稳。值得强调的是，居室中某些家具、陈设等构件在特定灯光的照射下，能够体现出富有魅力的阴影，丰富空间层次，增加物体的立体感。所以说，灯光的设计非常有利于营造出宜人的氛围和意境。图4-20借助光照效果，陈设物形体更加清晰，同时便于欣赏吧台形体的细节变化，增加形体的立体感，使之成为空间重点。

图4-19 体现空间特色

图4-20 通过灯光强化物体立体感

（五）提供合理的照明方式

人们在居住空间从事不同的活动，不仅需要不同的照度，也要考虑照明方向的差异。比如在阅读时，为了提高阅读效率，光线宜来自前方，且最好在左前方。而在站立观察物体时，为了提高观察效率，光线宜来自左侧或右侧，以保证光线与视线成直角，突出材料的立体感。可见，合理的照明方向有助于进行相应的视觉活动（图4-21）。

图4-21 合理的照明方式

（六）避免眩光干扰

在室内照明中，眩光是由于灯具过高的亮度直接进入视野造成

的。因此，限制眩光要从源头做起，可使用表面积较大的灯具或者多个小功率灯具组合代替。若有必要时，可选择大功率光源，在光源表面加磨砂玻璃灯罩或者格栅，使光线柔和。还可采取间接照明方式，让光线经过反射后均匀地照射，使光线不直接进入人眼。

第三节 居住空间主要区域照明设计

由于居室内各个房间的功能、分区不同，所以应选用不同的灯具布置方案和照明方式，利用不同光源的组合以及局部照明来达到理想的照明效果（表4-1）。

图 4-22 玄关照明

表4-1 不同环境的照度标准

环境名称	我国照度标准（lx）	日本工业标准Z9110（lx）	常用光源
客厅	30~50	30~75	白炽灯、荧光灯
卧室	20~50	10~30	白炽灯
书房	75~150	50~100	荧光灯
儿童房	30~50	75~150	白炽灯、荧光灯
厨房	20~50	50~100	白炽灯
卫生间	10~20	50~100	白炽灯
走廊	5~15	30~75	白炽灯

注释：光照度，指单位面积上所接受可见光的能量，单位勒克斯（lx）。

（一）玄关

玄关是居室出入的通道，起着空间过渡的作用，玄关照明设计应大方、庄重。由于该空间面积不大，不宜使用造型过于复杂的灯具，常用筒灯或壁灯照明作为基础照明，光线柔美，照明效果清晰。为减少空间的压抑感和提升空间的层次，也会采取透明或半透明的吸顶灯和壁灯或筒灯并用的照明方式，吸顶灯多采用节能灯管，照明效果好。对于玄关及其墙面陈设品，可采用射灯以局部照明的方式来突出艺术效果（图4-22）。

（二）起居室

起居室是个多功能的活动场所，如果仅在顶棚中心位置设置灯具，这样能够使整个房间得到整体照明，也能产生中心感，并统一整个空间。但由于灯具的安装位置在房间的中心，周围的亮度会逐渐降低，这种简单的照明方式会产生很多不良影响，使得注意力向房间中心集中，周围的照度低，不能满足功能照度的需要，空间感觉呆板，阴影较多，明暗对比过大等。要改善这种现象，就要进行补充照明，将整体照明与局部照明、装饰照明相结合。

如在沙发边上设置台灯，在沙发顶部通过吊顶设置牛眼灯，或在地面设置落地灯，对陈列柜及艺术品等设置局部照明，墙面上还可设置壁灯等来丰富空间内光环境的层次。起居室是家庭对外的一个窗口，同时也是家庭活动最常使用的空间，所以在考虑光照效果的同时也要考虑灯具本身的造型及装饰性，与室内整体装饰风格协调统一。图4-23中起居室通过多种照明方式相结合，一方面使活动空间得到了足够的照明，另一方面又活跃了空间气氛，减小了压迫感，扩大了空间感。

（三）卧室

卧室是休息和睡眠的场所，具有一定的私密性，所以在照明设计上，光线柔和、可调控、无噪声等成为要考虑的基本因素。在设置顶部照明时，可安装有二次反射的吸顶式灯具，防止眩光的产生，同时使卧室充满恬静与温馨。在床头可设置可调光的台灯或落地灯作为局部照明，便于人在卧床时进行阅读及照明周围环境（图4-24）。

图 4-23 起居室照明

图 4-24 卧室照明

梳妆要求光色、显色性较好的高照度照明，最好采用白炽灯或显色指数较高的荧光灯。梳妆台灯具最好采用光线柔和的慢射光灯具，如乳白玻璃灯具、磨砂玻璃荧光灯具等，可以安装在梳妆镜的正上方，灯具应在水平视线的60°以上，灯光照射人的面部而不是射向镜内，避免对人的视觉产生眩光，在人的面部产生很重的阴影。

卧室不一定要求很高的亮度，但局部要根据功能需要而达到足够的照度；光源以暖光源为主，这样可以创造温馨的气氛；开关应设置在床头，方便触摸。

（四）书房

书房是进行阅读、书写的场所，在布光时要协调整体照明和局部照明的关系。一般整体照明不应过亮，以便使人的注意力全部集中到局部照明的环境中去。然而，只有局部照明的工作环境是不可取的，这种光环境明暗对比过于强烈，在长时间的工作中，眼睛易产生疲劳。

综上所述，书房灯饰的选择要亮度适中，光线过亮或过暗都会对人的视觉活动造成影响。同时灯光要柔和，光线宜来自人的左前方，照亮书桌是最好的方式。作为阅读的灯具可以考虑安装顶灯作为整体照明，显得朴实、宁静。书桌上应该配置台灯作为局部照明，同时对墙面陈设的书法、绘画等艺术品进行装饰性照明，可以在烘托气氛的同时，营造空间环境的文化品味（图 4-25）。

（五）餐厅

餐厅的照明要求色调柔和、宁静，有足够的亮度，不但使人能够清楚地看到食物，而且能与周围的环境、家具相匹配，构成一种视觉上的整体美感。餐厅的照明应将人们的注意力集中到餐桌上，光源宜采用白炽灯，其显色性较好，选择向下直接照射的暖色垂吊式吊灯。同时还可设置筒灯、射灯等作为局部照明，通过一般照明与局部照明的结合，减少明暗对比，烘托环境氛围。图4-26餐厅在整体照明的基础上，通过悬挂的吊灯形成空间的局部照明，在方便进餐的同时，丰富了空间的光源层次。柔和的暖色灯光增加了就餐的情调。

图 4-25 书房照明

图 4-26 餐厅照明

（六）厨房

厨房的照明设计主要以实用为主，为了便于操作，通常选用照度和显色性较高的节能灯。厨房中的光源搭配无需太多层次，一般可分为两层，一层满足对整个厨房的照明，多采用吸顶式或嵌入式的灯具，从便于清洁的角度出发，不宜选择垂吊式灯具；另一层要满足对备餐区域的照明，通常把灯具嵌入安装在吊柜的下部形成局部照明，以满足备餐操作的照明需要（图4-27）。

（七）卫浴间

卫浴间的面积相比居室等其他空间要小，功能单一，所以其灯光照明与其他空间相比也相对简单。但如果设计不当，会给人们日常的生活带来很大的不便，所以卫浴间的照明也要给予足够的重视。

卫浴间室内光线要柔和，不宜采用直接照射，通常采用与顶部相结合的嵌入式灯具或设置一盏乳白罩防潮吸顶灯，以免水蒸气凝结。同时为营造良好的环境，还应设置局部照明，如在镜前设置镜前灯或壁灯，浴缸上方可设置筒灯，但这些灯必须采取安全措施，应避免漏电现象发生（图4-28）。

总之，光让人们感知空间的质感、色彩、形态，人在居住空间内的活动大都离不开灯具照明；不同的灯具照明很大程度上影响着住宅环境的设计效果。合理、舒适的照明不仅直接关系到室内环境气氛，而且会对人们的生理、心理产生影响。

图 4-27 厨房照明

图 4-28 卫浴间照明

本章小结

本章对居住空间的照明设计进行了系统分析，由浅入深，从照明的基础知识入手，对居室各空间照明设计进行了详实的分析介绍，有助于学生更好地理解照明在居住空间中的作用。

思考与练习

1. 居住空间照明的方式有哪几种？
2. 灯具的种类有哪些？
3. 居住空间照明设计应遵循哪些原则？
4. 居住空间不同区域的照明设计有哪些特点？

5 第五章 居住空间设计的特殊因素

学习要点及目标

● 本章涵盖了两方面的内容：首先从关注特殊人群入手进行居住空间设计阐述，并在此基础上对无障碍设计进行分析；其次从绿化的角度入手，阐述绿化在居住空间中的作用。

● 通过对本章的学习，使学生了解针对特殊人群在居住空间设计的必要性，以及无障碍设计和绿色设计在居住空间设计中特有的作用。

引导案例

残疾人、老年人与一般健康人相比，在家中停留的时间要长一些，所以要对他们所处的家庭环境中的空间和设施给予充分考虑，这样他们就不会因为居住空间狭小或某些设施的障碍，而失去或部分失去生活自理的能力（案例 E-1）。

案例E-1：以厨房为例，坐轮椅的残疾人、老年人使用的厨房要比一般的厨房大，门的设置和开启要适合于轮椅使用，门开启后的净宽不应小于800 mm。为便于轮椅的回转，只设单项案台的厨房，案台边缘与对面墙面至少有1500 mm的间距，为方便坐轮椅者靠近台面操作。橱柜下方距地250～300 mm处应凹进，以便轮椅使用者脚部插入（图5-1）。

厨房应布置在门口附近，以方便轮椅出入，要有直接采光和自然通风。考虑到轮椅最小的转身尺寸，为了保证轮椅的旋转空间，最好采用L型或U型的空间配置（图5-2）。

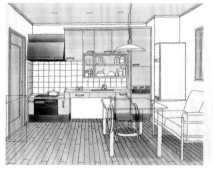

图 5-1 轮椅在厨房的活动

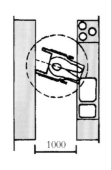
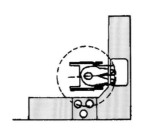
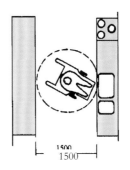

1000

1500
1500

轮椅可利用厨房设备下部
空间旋转时通道最小宽度

厨房设备按 L 型排列最
方便乘轮椅者使用

轮椅直接旋转时所需最小
通道宽度

图 5-2 轮椅在厨房的活动平面 （单位：mm）

第一节 对特殊人群的关注

对于有儿童、老年人、残疾人工作、学习和生活的居住空间设计，应方便他们的日常生活，这也是居住空间设计中的新内容，其重要性已经被越来越多的人所认识并接受。作为一名具有社会责任感的设计师，应当考虑这些特殊人群的需要。

一、儿童

由于儿童对环境缺乏认知和经验，所以在居住空间设计中，安全对于儿童最为重要。此外还需要通过居住空间环境锻炼儿童对周围事物的认知和判断能力。

（一）安全

为了儿童的安全，设计师应该从居住空间的细节着手，采取各种措施做到防患于未然。高度低或不常用的插座应放置安全罩；尽量减少或不用大面积玻璃作装饰，以防止儿童碰碎玻璃；家具应尽量设计成圆角，以免碰伤儿童；较高的儿童家具必须固定在墙面上，以防止倾倒；在卫浴空间中，最好为儿童洗浴选择有恒温按钮的花洒，避免烫伤孩子；为儿童安装专用的卫生洁具，这样不仅可以提高安全指数，还有助于培养孩子良好的卫生习惯和独立意识。

（二）儿童房

儿童房一般由睡眠区、储藏区和娱乐区组成（图 5-3）。对于学龄期儿童，还要设计学习区，床尽量柔软低矮，这样既安全又舒适；可以采用对比强烈、鲜艳的色彩，满足儿童的好奇心与想象力；娱乐区可设置大量的储藏空间，以放置玩具。

对儿童而言，玩耍的地方是生活中不可或缺的部分，孩子总爱在地上玩耍，地面柔软度不够则容易损害身体，儿童房地面一般采用地板、地毯或者具有弹性的橡胶地面。墙面可以设计成软包以免磕碰，还可选用儿童壁纸以体现童趣（图 5-4）。

图 5-3 儿童房布局

图 5-4 儿童房娱乐区

二、老年人

按照联合国有关人口年龄的标准，我国已经进入了老龄社会。进入暮年以后，人从心理到生理上均会发生许多变化，居住空间设计如何更好地适应老年人已成为我们所面临的、迫切需要考虑的问题。

（一）安静

随着年龄的增长，老年人的体质下降和感官受损，使他们遇到许多困难，有许多老年人选择减少外出，大部分时间留在家里。安静的空间环境对于老年人非常重要，隔声效果好的门窗、墙壁是防止噪声的最基本的要求；排风扇、抽油烟机等电气设备的性能和安装方式也会影响空间环境的噪声。

（二）老人房

从建筑构造的角度出发，应注意玄关、厨房及卫生间的面积，门的宽度要适当增大，以便老年人安全使用。厨房灶台以及卫生间洗面台下面应设计凹进，使得老年人可坐下将腿伸入。由于老年人的腿脚不方便，为了避免磕碰，应尽量选择圆角的家具。床铺高低要适当，以方便上下。家具的结构应合理，防止在取物时造成扭伤或摔伤，装饰物品宜少不宜杂。沐浴时，坐姿比站立更安全，带有坐椅及扶手的浴室是不错的选择。地面不要有高度差，应尽量平整并注意防滑，避免使用有强烈凹凸花纹的地面材料，以免引起老年人产生视觉错觉，宜采用统一的木质。选择地毯时，应防止局部的翘起，以免对老年人行走或使用轮椅产生干扰。

老年人对与照明度的要求比年轻人要高2~3倍，因此，室内不仅要设置一般照明，还应注意设置局部照明。室内墙转弯、高差变化、易于滑倒等处应保证一定的光照，尤其是厨房操作台和水池上方、卫生间化妆镜和洗漱池上方等。卧室可设低照度长明灯，以保证老年人起夜时的安全，灯光避免直射老年人躺卧时的眼部。

只有尊重老年人的生活习惯，了解老年人的生理特点，才能设计出符合老年人身心健康，亲切、舒适的空间环境。

三、残疾人

重视并为残疾人提供良好的无障碍生活环境是文明社会的重要标志。虽然残疾人身体残疾的部位和轻重不尽相同，但许多被普遍接受的、标准的空间环境都会对残疾人造成障碍，而有的障碍在设计之初是可以避免的。例如，在色彩上，白内障患者往往对黄色和蓝绿色系不敏感，容易把青色与黑色、黄色与白色混淆，因此，在处理室内色彩时应加以注意。

第二节 室内无障碍设计

一、无障碍设计的意义

无障碍设计是一个理念，是基于人性化设计主张而提出的，可以提升人们的生活品质，一个具有无障碍化环境的室内设计可以方便所有人的生活，提升整个家居生活的品质。无障碍化环境的建设是残障人士、老人、妇幼、伤病等相对弱势人群充分参与社会生活的前提和基础，是方便他们日常生活的重要条件，也从侧面反映了一个社会的文明进步水平，是物质文明和精神文明的集中体现，对提高人的素质，培养全民公共道德意识，推动和谐社会建设具有重要的作用。

二、居住空间无障碍设计

（一）卫浴间的无障碍设计

卫浴间是比其他房间更容易发生事故的地方，因此，安全是卫浴间设计中最为重要的。坐轮椅的残疾人使用的卫浴间比一般标准卫浴间大一些，要有轮椅活动的余地。

1. 淋浴间无障碍设计

在淋浴方式上，对高龄和行动不便的老年人采用淋浴比浴盆更为安全。淋浴喷头最好安排在两处：一处供方便老年人站立时冲洗，另一处则供老年人坐着冲洗时使用。浴室要考虑配置老年人使用的淋浴坐凳或者淋浴专用座椅，其高度不大于450 mm，以便老年人起身站稳(图 5–5)。

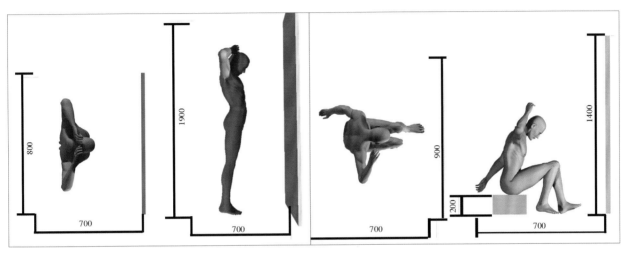

图 5-5 老年人淋浴所需的空间尺寸 （单位：mm）

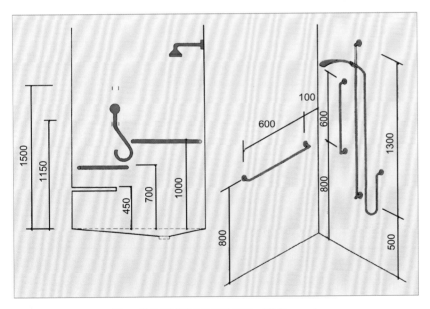

图 5-6 淋浴间墙壁上扶手的设置 （单位：mm）

坐轮椅的残疾人淋浴时，最简单的方法是利用带车轮的淋浴用椅直接进入没有门槛的淋浴间，也可以利用轮椅移坐到淋浴间的座椅上。最小空间内设置的淋浴室要充分考虑轮椅的进出，以及移座到淋浴间的座椅上进行淋浴的尺度，并且要在淋浴间的墙壁上设置扶手（图 5–6 ）。

2. 浴盆无障碍设计

一般情况下，浴室的空间大小要容得下轮椅在其中移动、旋转。残疾人使用的浴盆周围需要设置扶手，以辅助残疾人洗浴。扶手位置和形式应根据残疾人在洗浴时的行动路线和动作方式来选择，一般初入浴盆、冲身和擦身时需要借助扶手。扶手有竖向、水平及斜向三种，竖向扶手应设于浴盆的出入侧，在起身和坐下时使用。水平扶手不宜设置得太高，因为浴盆有一定深度（一般为 400 ~ 600 mm），一般水平扶手的高度距浴盆上沿约 100 mm 即可（图 5-7）。

考虑到老年人出入浴盆困难，浴盆可设置成半下沉式，但内外高差不能太大，否则不利于出入浴盆时保持身体平衡。一般老年女性使用时浴盆上沿距地面不高于 410 mm，老年男性使用时不高于440 mm（图 5-8）。

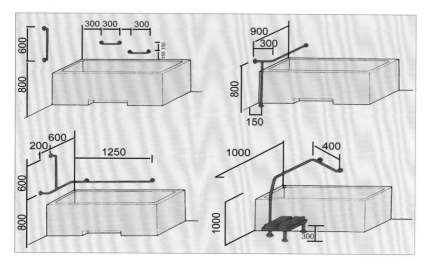

图 5-7 浴盆旁设置的扶手 （单位：mm）

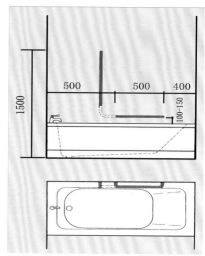

图 5-8 浴盆的尺寸 （单位：mm）

3. 坐便器

轮椅使用者在使用坐便器时有前方直进、背面直进、斜前方进入等形式。坐便器与轮椅坐面高度一致时，会方便乘坐轮椅的残疾人在轮椅与坐便器之间的转移（图 5-9）。

老年人及能够走动的残疾人由于下肢肌肉力量或关节承受的能力欠佳，在站起、坐下时动作困难，坐面较高的坐便器比较适合。如果普通的坐便器的高度不能满足要求，可在上面另加座圈或加设垫层；还可选用带有电动升降的坐便器，根据需要调节使用高度（图 5-10）。

供残疾人使用的坐便器高 475mm，两侧应设高为 700mm 的水平抓杆，在墙面一侧应设高为 1400mm 的垂直抓杆。

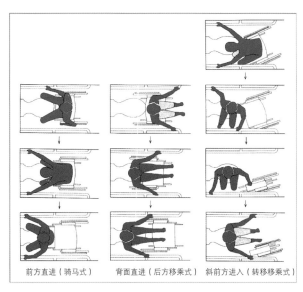

图 5-9 轮椅使用者使用坐便器的方式

前方直进（骑马式）　背面直进（后方移乘式）　斜前方进入（转移移乘式）

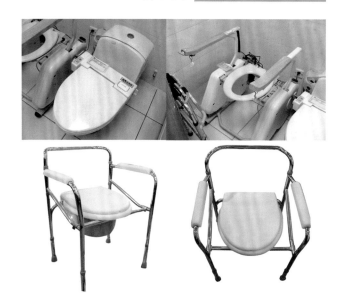

图 5-10 老年人及残疾人使用的坐便器

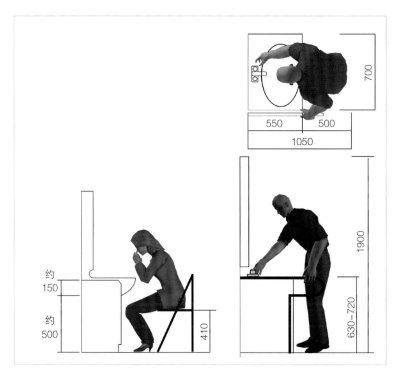

图 5-11 老年人洗脸所需的空间尺度 （单位：mm）

4. 洗脸池

洗脸池是卫生间中主要的功能设施。由于老年人身高萎缩，洗漱用的洗脸池高度要比正常人的低些。洗脸池的下部最好是空的，以便老年人坐着梳洗。洗脸池的旁边设置扶手，以防被洒落在地面上的水滑倒。扶手的高度一般与洗脸池的上沿一致，水龙头最好是自动感应型，操作尽量简单（图 5-11）。

5. 地面装饰

首先是地面积水同防滑的关系，地面如有积水容易打滑，因此要增大地面排水能力，保持地面干燥。其次是地面材质的外观与防滑的关系。残疾者往往腿部无力，重心不稳，比正常人容易摔倒。较硬、较明亮的地面容易引起残疾者心理紧张，影响身体协调性，可能导致失去平衡而摔倒。因此在选择地面材料时不仅要考虑摩擦系数，还要综合考虑软硬度、弹性、颜色、光泽等因素，以颜色较深、不反光、质感强、弹性适中为宜。

6. 卫浴间的门

卫浴间的门最好采用轮椅使用者容易操作的形式，如推拉门、折叠门、外向开门等。应采用较轻的材料，同时门上应留观察窗口。卫生间门扇开启净宽度为800mm，门把手一侧墙面宽度应大于400mm，以适应轮椅旋转所需的空间尺度（图 5-12）。

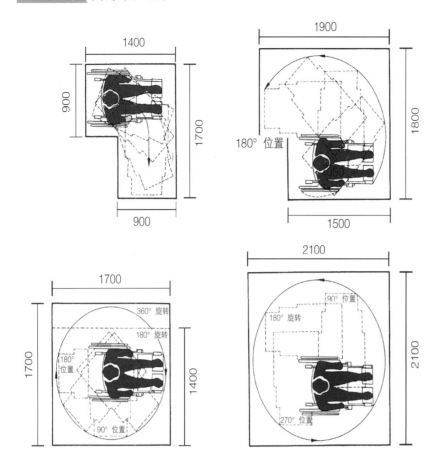

图 5-12 轮椅转身所需的空间尺度
（单位：mm）

（二）厨房的无障碍设计

1. 操作台

操作台边缘与对面墙面至少要有1500 mm的间距，案台的台面距离地面高度750～800 mm，比较适合轮椅使用者使用，深度宜为 500～550 mm，为便于轮椅使用者的下半身伸入操作，洗涤池下方净宽度与高度应大于或等于600 mm，同时深度应大于或等于250 mm（图5-13）。灶台的控制开关最好放在前面，各种控制开关按机能分类配置，调节开关要有刻度，最好能够明确强度。对视觉障碍者来说，最好用温度鸣响来提醒。炉灶应设安全防火、自动灭火及燃气报警装置。

图 5-13 操作台的使用

2. 洗涤池

采用不锈钢洗涤池时要选用底衬有隔层的，以防凝结水并作隔热层用，避免烫伤轮椅使用者。洗涤池的上口与地面距离不应大于 800mm，

洗涤池的深度为100 ~ 150 mm，为腿部有残疾的人士带来方便（图5-14）。

图 5-14 洗涤池的使用

3. 橱柜

轮椅使用者如果想在主案台的两侧设地柜，最好采用可以拉出的立式抽屉，不要采用外开的柜子，因为许多残疾人难以弯腰使用。抽屉底部建议高出地面200mm，并悬挑出150 mm，以利于轮椅靠近。案台上的吊柜案台距地面 300mm 对轮椅使用者较为方便。吊柜自身高度可做到700 ~ 800 mm，深度可做到 250 ~ 300 mm，内设 2 ~ 3 个可调整的搁

物板，在柜门上安装拉手柜门碰珠，使柜门易于启闭，吊柜下层设置隔层板，方便轮椅使用者使用（图5-15）。

图 5-15 轮椅使用者使用的各种橱柜

（三）家具的无障碍设计

1. 无障碍书桌的设计

对于轮椅使用者，轮椅的高度为500 mm。考虑到轮椅扶手的影响，若要使轮椅能深入桌下，则桌面中间净空高度要大于扶手高度，一般为750 mm左右，这个距离可以满足大多数轮椅使用者的需求。对于桌面的高度，考虑到桌面中间净空高度的影响，一般在800 mm为宜。

桌宽的尺寸主要考虑人的双肘展开宽，实际上，人在桌面上双肘不会完全展开，以人伸手能够到周边物品为宜，一般为930～1240 mm。

桌深应介于坐姿伸直手臂可触及范围和立姿弯腰手臂伸直触及范围，一般为607～1173 mm。桌子的净空宽要保证轮椅能够自由出入（图5-16）。

2. 无障碍衣柜的设计

柜子的隔板高度由人体垂直可及高度确定，手伸入柜子的深度与距离地面的高度有关（图5-17）。上搁板高可从人体立时上臂上举的高度来确定。根据人机工程学的研究表明，由于老年人的人体尺度及活动范围相对减小，上搁板建议的高度为1760 mm；对于乘坐轮椅的残疾人，一般高度在1640 mm，取东西时上臂并非垂直，并且手要深入柜子，因此再减少370 mm，即1270 mm。

下搁板高度对一般人来说，可根据立姿、弯姿、蹲姿三种姿态单手取放舒适来确定。考虑到老年人的舒适使用，高度一般在650 mm；对于乘轮椅者，高度为340 mm，为了便于伸手触及内部空间，高度可增加100 mm，即440 mm。

图 5-16 书房的布置

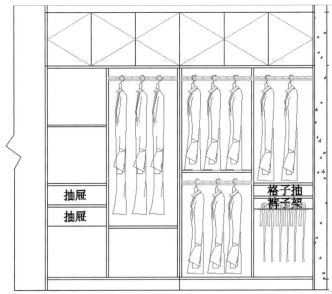

图 5-17 衣柜的基本格局

3. 无障碍床的设计

对于轮椅使用者，应在床的侧面安装扶手，以便于上下床方便。床面高度应与轮椅高度接近，以便于从轮椅上移到床上。近年流行低床，当人整理床上物品时要把腰弯得很低，这样不利于老年人使用。从便于整理床上物品的角度来说，床高为 600 ~ 700 mm 适宜。因为人坐下、躺下的舒适高度为 500 ~ 600 mm，因此，建议采用折中高度 500 ~ 550 mm。

轮椅使用者从轮椅移到床上的方法有前向转移、后向转移、侧向转移等三种，在转移过程中可以从以下几方面减少障碍：

（1）这三种形式必须保证床面与轮椅坐面同高，如果轮椅的坐高是500mm，床面高也应是500mm。这会方便残疾人顺利地从轮椅过渡到床面上。

（2）在保证舒适的同时将床面弹性降到最低，因为下肢残疾者完全依靠上肢将躯干撑起后移动。如果床面弹性太大，支撑点的变形很大，不利于支撑起身体，以及身体在床面上移动。

（3）轮椅侧向转移的情况最好在床侧加扶手，且扶手与轮椅扶手同高。有了床侧扶手，没有了支撑点的高度差，病人在转移过程中双臂用力均衡，自然能够在轮椅与床之间平稳过渡。

残疾人所使用的床，床下不应设抽屉等，最好床下是空的，以防止轮椅脚踏板磕坏东西，并且对使用者自身也会造成伤害；另外，空的床下有利于轮椅尽可能贴近床侧。如果轮椅的两侧或一侧扶手能够卸下，可使残疾人很容易地接近床侧并转移到床上。

4. 扶手的设计

对于偏瘫残疾人、老年人，在床的侧面设置扶手非常必要。

（1）扶手应设置在残疾人习惯下床的一侧，起到护栏的作用。残疾人或老年人按照自己习惯的床头朝向仰面平躺在床上，扶手应安装在残疾人侧面而且靠近床头的一边。

（2）残疾人在起床时可以借助扶手为身体提供拉力，帮助身体向侧面翻转和起床时维持身体平衡。残疾人、老年人在床边站起时支撑扶手可以非常有效地减轻腿的负担，同时也有利于保持身体平衡。

无障碍设计对于残疾人可以助其自立发展，减少对他人的依赖，增强他们的自信心；对于老年人可以提高他们的生活质量，预防意外伤害。同时能扩大此类人群的生活圈，使其能"平等地充分参与社会生活，共享社会物质文化成果"。建设无障碍环境是物质文明和精神文明的体现，是社会进步的重要标志，也是未来设计的方向和趋势。

第三节 绿色室内设计

随着人们生活水平的逐步提高和人类对地球未来的思考以及生态环境意识的进一步觉醒，绿色设计成为现代室内设计可持续发展的方向。所谓绿色设计，其核心是符合生态环境良性循环的设计体系，室内设计仅作为微观的绿色设计之一，目的是为人们提供一个环保、节能、安全、健康、方便、舒适的室内生活空间。

一、绿色室内设计实施的原则

绿色设计有别于以往形形色色的各种设计思潮，更不同于以人的需求为目的而凌驾于环境之上的室内设计理念和模式。其设计原则可以遵循以下三点：

（一）提倡适度消费原则

在商品经济中，通过室内装饰创造的人工环境是一种消费，而且是人类居住消费中的重要内容。尽管室内绿色设计把创造舒适优美的人居环境作为目标。但与以往不同的是，室内绿色设计"倡导适度的消费思想，倡导节约型的消费方式，不赞成室内装饰中的奢华铺张，这体现出一种新的生态观、文化观和价值观。

（二）注重生态美学原则

生态美是一种和谐有机的美。在室内环境创造中，它强调自然生态美的质朴、简洁，它同时强调人在遵循生态规律和美的法则的前提下，运用科技手段加工改造自然，创造人工生态美，人工创造出的室内绿色景观与自然相融合（图 5-18），带给人的不是一时的视觉震惊而是持久的精神愉悦。因此，生态美更是一种意境层次的美。

（三）提倡节约和循环利用

绿色室内设计强调在室内环境的建造、使用和更新过程中，对常规能源和不可再生资源的节约和回收利用，对可再生资源也要尽量低消耗使用。在室内的生态设计中实行资源的循环利用，这是现代建筑得以持续发展的基本手段，也是绿色室内设计的基本特征。

图 5-18 与自然相融合的设计

二、绿色室内设计的手法

（一）空间功能的分配组合

合理的空间组织安排是设计重要部分。它除了要满足人体工程学以及完善空间组织之外，也要考虑到可发展性。随着时间的推移，人们对空间的要求可能会发生变化，为避免二次改造带来的各种浪费，设计师应对业主的需求进行深入分析，加以判断。例如，新婚夫妇的空间要尽可能地为其日后宝宝的情况进行预知性设计，这样就不会出现从二人空间向三人空间过渡时空间使用上的一些不便。

此外，室内空间以开敞的形式大量出现，也是绿色设计的一种体现。因为开敞空间除了给人以视觉上的流动感之外，空间的贯通也增加了层次感。另外，通透的空间不论对空气流通还是自然采光都起到正面作用；同时还可以营造冬暖夏凉的室内环境，降低了对空调的依赖度，节能环保。

（二）自然质感与陈设品的应用

在室内设计中强调自然肌理质感的应用，让使用者感知自然之感，回归乡土和自然。设计师对表面的选材和处理十分重视，强调素材的肌理，并暗示其功能性。大胆地原封不动地表露水泥表面、木材、金属等材质，比如利用棉、麻、藤制品等作为基材，着意显示装饰素材的肌理和本来面目（图5-19）。

在装饰上可以通过绘画、书法等艺术手段在室内创造出山水等自然景观，既有把大自然引入到室内的效果，又产生了浓重的诗情画意，增加了室内的艺术氛围。

（三）自然光源的采用

对于一个室内空间，自然采光是固有的，室内的绿色设计也只是在这个基础上尽可能多地利用自然光源。自然光源的充分利用可以避免不必要的资源浪费，减少能源损耗（图5-20）。

要选择高效率的节能型灯具，在节省能源的同时提高光照程度，减少热能的产生。

图 5-19 自然材质在室内的运用

图 5-20 自然光的运用

（四）健康的色彩搭配

健康的色彩搭配对营造舒适的室内空间有很大的帮助，色彩运用得当不仅视觉上舒服，对心理也有潜移默化的影响。根据生理学家的研究，房间的色彩能直接影响到人体的正常生理功能。比如在视力上，绿色对眼睛最为有益；浅蓝色对人的睡眠更有帮助，卧室便可以选择搭配浅蓝色进行设计（图 5-21）。在居住空间融入正确的色彩搭配，不仅能给人们的健康带来益处，也会使身心得到放松。

图 5-21 室内色彩的运用

图 5-22 利用绿化引导空间

三、室内绿化的作用

室内绿化在室内设计中发挥着重要作用，它既可以从形态、色彩等方面调节室内空间形象，还可以净化室内空气及调节小气候，同时还起到陶冶情趣的作用，使人在精神上得到满足，提高室内的生理和心理环境质量。室内绿化是达到室内设计基本目的的重要手段，其作用可归纳为以下几个方面：

（一）空间的引导

室内绿化由于具有观赏功能，很容易引起人们的注意。正是因为这个特点，用绿化形成通道，组织人流，特别是在空间的转折、过渡之处，更能发挥整体效果。如果有意识地通过绿化吸引视线，就能起到引导与暗示的作用（图 5-22）。

（二）空间的过渡

将植物直接引入室内或通过借用手法使室内空间兼有外部空间的因素，达到内外空间交融的效果，以满足人们对大自然的向往和需求。在设计中一般包括以下几种方法：

1. 借景

通过大片玻璃窗的处理，使窗外的绿化渗透到室内，增加室内空间的开阔感、深远感，达到扩大室内空间及丰富室内空间环境的效果（图 5-23）。

2. 引入

通过建筑空间的处理，借用室外绿化延伸入室内，内外空间互渗互借，达到内外空间的交融与过渡（图 5-24）。

图 5-23 借景

图 5-24 引入

3. 伸出

室内植物局部延伸到室外，与室外景物交织在一起，同样会达到相互渗透、开阔空间的效果。

4. 分隔

根据建筑不同的功能需求，用绿化划分出不同的区域，在空间上既分又合，从而使整体空间既完整又相对有别（图 5-25）。这一手法常用于大空间中，将其分隔成彼此独立且有联系的若干小空间。例如，在酒店大厅中，通过绿化区分休息、等候、交谈、观赏等不同功能。

图 5-25 分隔空间

（三）空间的联系

绿化可以分隔空间，但在视觉上又是通透的。两个功能不同且有联系的空间通过绿化处理，可以相互渗透、相互联系，形成空间分隔、视觉不隔的效果。当然也可通过铺地由室外延伸到室内，或利用墙面、天棚或踏步的延伸，起到联系的作用（图5-26），但相比之下，都不如利用绿化来得鲜明、亲切、引人注目。

（四）空间的限定

在比较大的室内空间，假若不加任何装饰，往往会给人空旷的感觉。若用绿化进行装饰，且围合成大小不等的若干空间，则在视觉上就能产生层次感，使空间由大到小或由小到大地发生变化，既丰富了空间层次，又使空间环境的使用功能更加充实（图5-27）。

图 5-26 联系空间

图 5-27 限定空间

（五）空间的加强

在视觉上，绿色对人具有强烈的吸引力。利用这一特征，对需要重点处理的空间环境进行适当的绿化，突出该空间的作用，增强吸引力（图5-28）。

（六）空间的柔化

现代建筑多由几何构件组成，而绿色植物具有天然柔美的自然形态。其曲、柔与建筑空间的直、硬产生强烈的对比，从而改变空间形态给人的单一形象，达到自然、生动、活泼的艺术效果（图5-29）。

图 5-28 加强空间

图 5-29 柔化空间

（七）空间的丰富

室内空间常常会出现因建筑构件形成的既无规律又无功能的小空间。通常用绿化加以点缀处理，使这些小空间更加丰富，并成为室内空间的有机组成部分（图5-30）。

（八）改善空间环境

室内观叶植物的枝叶有滞留尘埃、吸收生活废气、释放和补充对人体有益的氧气、减少噪声等作用。现代建筑装饰多采用各种建筑涂料，室内观叶植物有较强地吸收和吸附各种有害物质的能力，可减轻人为造成的环境污染。

图 5-30 丰富空间

第四节 居住空间主要区域的绿化设计

一般来说，居住空间的绿化设计除了充分发挥植物的特征外，还要考虑植物的摆放位置和排列方式。由于居住空间各区域的使用功能不同，对绿化的要求也不尽相同。

一、玄关与走廊

玄关与走廊的面积较小，只宜摆放小型植物，或利用空间悬吊植物进行装饰，并利用照明表现其深度感。通过光影的变化，显现出奇特的构图及剪影效果，颇为有趣。这种利用灯光反射出来的逆光照明，可以使玄关和走廊变得较为宽阔。玄关处的绿化设置改变了玄关单一、呆板的空间结构，起到变化、丰富空间效果的作用（图5-31、图5-32）。

图 5-31 玄关绿化

图 5-32 走廊绿化

二、起居室

起居室是家庭活动的中心，其公共性强且面积较大，一般以选择大盆观叶植物如棕榈树、橡皮树、龟背竹等体量较大、枝叶茂盛、色彩浓郁的植物为宜。这类植物多摆放在靠近室内实体的墙、柱、沙发等较为安定的空间。尤其摆放在沙发旁时，低矮的沙发和高大茂盛的枝叶形成强烈对比，组成一个富有变化的空间，整个室内呈现出淡雅自然的格调。通过植物自身的疏密、高低、色彩等因素对起居室进行装饰，使整个环境既多姿多彩又不乱、不俗（图5-33、图5-34）。

窗边可摆设四季花卉或在壁面悬挂小型植物进行装饰，都能产生意想不到的效果。起居室的绿化种类虽然丰富，但切忌布置过多，要有重点，否者会显得杂乱无章，俗不可耐。

图 5-33 起居室绿化（一）　　　　　　　　　　图 5-34 起居室绿化（二）

三、卧室

卧室中的绿化应体现出房间的空间感和舒适感。如果把植物按层次集中放置在卧室的角落，就会显得井井有条，并具有深度感。绿化要与空间的整体格调相协调，中等尺度的植物可放在窗、桌、柜等略低于人的视平线的位置，便于人们观赏植物的叶、花、果；小尺度的植物往往以小巧精致取胜，可放置于柜顶、搁板或悬吊于空中，便于全方位观赏（图5-35）。

卧室的插花陈设需视不同的情况而定。书桌、梳妆台和床头柜等处可以选择茉莉、米兰之类的盆花或插花。老人房以白色或淡色插花为主调，使人愉快、安静且赏心悦目。年轻人的卧室适合色彩鲜艳的插花，但最好以一色为主（图5-36）。

图 5-35 卧室绿化（一）

图 5-36 卧室绿化（二）

四、书房

书房的绿化注重选择搭配清新淡雅、色彩明亮的花卉，如龟背竹、文竹、水竹、君子兰等。书房陈设花卉，最好集中在角落或视线所及的地方。倘若感到稍微单调时，再考虑分成一两组来装饰，但仍以小巧者为佳。

书房的插花可不拘形式，即便是一束枯枝残花，也可表现出主人的高洁清雅。书房中的插花，可随主人的喜好随意为之，但不可过于热闹，否则会分散注意力，效果适得其反（图5-37）。

图 5-37 书房绿化

五、餐厅

餐厅的绿化若想集中配合几种植物来欣赏，就要从距离排列的位置来考虑。前面的植物宜选择叶细而株小的，以颜色鲜明为宜；而深入角落的植物，则应是大型且颜色深绿的，放置时应有一定的倾斜度，视觉效果才好。盆吊植物的位置和悬挂方向一定要讲究，直接靠墙壁的吊架、盆架放置小型淡雅或浓艳鲜明的植物，效果更佳。

餐厅中的插花，以鲜花为最好，进餐时心情愉快，增加食欲，宜选择黄色、橙色等有助于促进食欲的色彩。小型或微型的花卉盆景可随意陈设。植物与植物之间通过理性的组织形成一种秩序的美感，同时植物本身的自然形态也为就餐区域带来了一定的趣味性，增加了就餐的情趣（图 5-38、图 5-39）。

图 5-38 餐厅绿化（一）

图 5-39 餐厅绿化（二）

六、阳台

阳台绿化要因地制宜，选择一些小型的观果或观花植物，对美化阳台起到重要作用。

第五节 旧建筑空间的居住再利用

在当今社会，伴随着人口膨胀和社会生产工业化进程的加快，唯新是好、大拆大建的行为肆无忌惮地向自然展开掠夺式的索取，由此造成的环境污染、资源匮乏和生态失衡让人类处于一个尴尬的境地。钢筋水泥建筑如雨后春笋般出现，使得作为"历史信息"载体的旧建筑逐渐从人们的视线中消失。20世纪60年代以来，为了实现人类的可持续发展，众多国家开始重视城市发展中对旧建筑的更新再利用。

当然，并不是所有的旧建筑都有必要进行更新设计和再利用，只有那些具有良好的建筑结构状况、建筑空间特征或历史文化价值的旧建筑空间，才有更新设计和再利用的价值。通过改变和置换旧建筑的实用功能，创造更加适合人类居住的空间环境。

一、旧建筑空间的改扩建

影响就建筑空间再利用的因素有很多，就建筑本身而言，最常见的问题是建筑结构承重或有效使用不够，对旧建筑进行改扩建的更新，成为空间再利用的第一步。在国家建设部推广的应用技术中，有一些这方面的新技术，如"抗震低层楼房价层结构"就是在原有建筑物继续使用的情况下，可将原建筑物加层以扩大建筑使用面积。图5-40中整体设计风格自然、优雅、朴素，庭院的幽静，赋予人文气息的空间环境，增加了原有建筑的面积，将部分室内空间延伸到室外，空间内外交融。

由于旧建筑的结构复杂，在进行室内空间规划时，通过研究其承重结构特点，保留承重结构或新建承重构件以满足使用要求。同时对原有的设施进行合理的再利用规划，如楼梯、门窗、通道、房间、供暖、排水等，使这些旧建筑在保留原有特点的同时，最大地发挥其使用价值。图5-41中优雅的环境、朴素自然的风格、黑白的色彩搭配，无不体现出江南的精致秀美。

图 5-40 建筑的改扩建（一）

居住空间 设计（第二版）

图 5-41 建筑的改扩建（二）

二、新旧协调

尊重旧建筑的历史文化信息，是其更新设计和再利用的前提。保留原有的空间形态及体量，不是为了标榜设计理念，而是人们对历史信息发自内心的喜爱，在审美意识上引起心理共鸣。在卫生、美观的前提下，旧建筑材料的造型和表面肌理可以很好地体现历史文化内涵（图5-42）。

图 5-42 利用旧建筑材料体现旧建筑的历史文化内涵

96

旧建筑的更新设计，从材料、色彩、造型和设备等方面，都可以附和原有的形式，并延伸和突出原有形式的内涵，也可以通过新旧对比的处理方法，达到"旧如旧、新如新"的调和效果（图5-43）。

图 5-43 旧建筑的更新设计

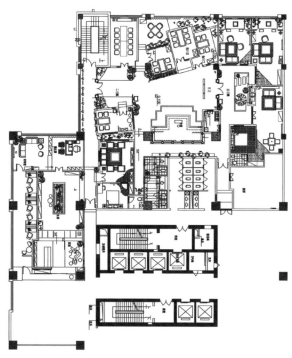

图 5-44 平面图

案例E-2：经过内外合理改造后的建筑，以"三进院"形式演绎出中国传统民居的建筑构局，"院"中有"房"，"房"内有"屋"，"房"与"房"错落有致，围合着三个情节小院（图5-44）。"一院"门海（图5-45），"二院"戏台（图5-46），"三院"枯山水（图5-47）。一步一景，一院一情节。现代手法的大红吊灯让院里有了主角，屋外的灰砖墙添了几分亲切与柔和，角落里的绿植让空间更加自然，让"院"中人忘却闹市，沉浸在东方建筑精神的回忆之中（图5-48）。

图 5-45 "一院"门海

图 5-46 "二院"戏台

图 5-47 "三院"枯山水

图 5-48 灰砖墙

本章小结

　　本章主要针对特殊人群对居住空间的基本需求，以及绿化在居住空间的作用这两个方面进行了较为详尽的阐述，目的是使学生了解设计要面向真正的"大众"，培养学生正确的设计意识，同时树立"节能环保、以人为本"的设计理念。

思考与练习

1. 为什么要研究无障碍设计？

2. 残疾人和老年人对居住空间有什么特殊要求？

3. 何为绿色设计？

4. 如何通过绿化划分室内空间。

5. 谈谈旧建筑更新设计的必要性。

第六章 居住空间设计程序

引导案例

居住空间设计是一项复杂的工程，要把思维中的想象空间构筑到实际生活中，必须按照一定的实施程序对空间进行周到、细致的处理。由此可见，设计程序在居住空间设计中扮演着非常重要的角色，它是最终结果的保障，是专业化程度的体现（案例 F–1）。

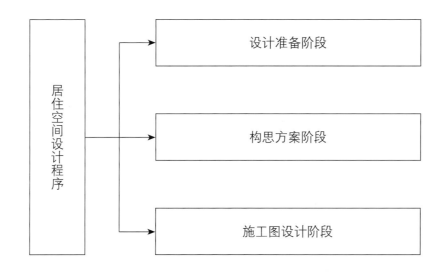

案例 F-1 居住空间设计程序的三大阶段

第一节 居住空间设计步骤

居住空间设计所涵盖的学科和技术层面较为广泛，因此在设计时必须由浅入深、循序渐进，每个阶段解决不同的问题。但设计的每个阶段是环环相扣、相互依存的。因此，设计的每一个阶段性环节都必须进行深入调查和研究，进而拿出合理的方案，完成设计任务。

一、设计准备阶段

一个优秀的设计方案必须满足使用者的需求，并能将审美与实用完美地融合。设计准备阶段所做的工作将为以后的设计打下坚实的基础。

设计准备阶段是一个需要设计师与业主进行充分沟通，并收集信息的阶段，主要了解业主的家庭结构形态、家庭生活方式以及对居室的需求等，同时还要考虑到业主的预算和经济能力。在美学志趣上，设计者和业主应达成共识，确立一种风格。除了与业主本身的沟通之外，还要对设计任务所在的建筑结构构成设施等进行现场勘测，形成设计的资料依据。

多渠道地收集与设计有关的各类技术资料信息也是设计准备阶段的一个重要环节。通过收集大量的资料，对其进行归纳整理，通过比较发现问题，进而在与业主交流信息的基础上加以分析和补充（表6-1）。

表 6-1 设计准备阶段

内容	表达方式
1. 明确设计任务，了解设计要求、造价投资、工期计划、周边环境及人文环境等	设计师与业主进行充分沟通
2. 现场勘测，了解设计任务所在的结构构成、设备构成以及水、电的具体分布和管线布置等情况	照片、现场测绘图、注解
3. 多渠道收集与设计任务相关的资料信息数据	通过相关书籍、杂志或利用计算机从网上进行相关信息查询，还可向了解此类设计的人员进行咨询
4. 设计草图	平面空间关系解析（功能分析、安排空间 动线关系、透视草图）

二、构思方案阶段

构思方案阶段是指在设计准备阶段的基础上，进一步分析、整理资料并对其构思立意，分析与比较方案的适用性和经济性，选出最优方案。

构思方案阶段是居住空间设计程序的灵魂，其重要性在于新的创意不断地涌现。一个想法可能激发出另一个新的想法，或者两个想法碰撞出第三个想法。为挑选出最佳方案，可具体从以下两个阶段展开：

（一）方案概念发展阶段

方案概念发展阶段包括风格手法的确立以及主要概念的明确和强化。方案设计侧重四个主要专项，即空间型、空间色、照明与陈设（表6-2）。

表6-2 方案概念发展阶段

专项		内容	表达方式
固定空间	空间型	1. 建立空间概念，梳理空间秩序构建二次空间模型 2. 确定各界面的造型形式语言，完成风格定位	二次空间的概念图（平面图、顶面图、轴测图、透视图、立面图等），表达空间造型概念，并辅以文字简述
	空间色	3. 色调概念确立 4. 构建色调明度与黑、白、灰空间构图 5. 对应色感，选择主要装修用料的大类别	色调概念文字简述，相关图片的概念表述或透视图配文字描述，还可采用色彩立面图，分析面积比
	照明	6. 空间照明概念	以文字简述照明概念或简单照明图示
活动陈设	陈设	7. 主要陈设设计或有装置设计的概念，完成各陈设点的位置和形式内容	陈设设计平面空间关系解析草图

（二）方案扩展阶段

方案扩展阶段即概念的终极落实，最终确定整个建筑空间及室内空间的格调、环境气氛和特色，进一步落实材料、色彩、照明与陈设的选择（表6-3）。

表6-3 方案扩展阶段

专项		内容	表达方式
固定空间	空间型	1. 深化并明确整体空间各平面、顶面、地面、立面、剖面等建筑界面，进行局部形态设计并明确局部界面造型	按比例绘制平面、顶面、立面、剖面、地坪图以及局部小透视图
	空间色	2. 确定空间整体最终色调，完成色彩的空间分配，以及家具陈设等在整体环境中的色彩配置关系	彩色透视图形式，并配以文字注释和色卡（详尽说明每块色彩运用的部位）
	材质	3. 确定每一界面的用材设计	顶面、墙面、地面材料式样编号图表
	照明	4. 对空间照明进行分类，明确空间照明的视觉效果，明确光源控制器位置，并配以光源一览表	光源平面布置图、光源控制器平面布置图
活动陈设	陈设	5. 按设计风格确定家具、灯光以及其他陈设品的最终风格样式	绘制不同角度的空间效果图

三、施工图设计阶段

当设计者的设计方案通过委托方的核定，即可绘制施工图。施工图是居室装修得以进行的依据，是将图纸转化为实物的手段，也是联系设计与施工之间的桥梁。因此施工图设计表述必须具备严谨性、逻辑性和可实施性，项目负责人在施工阶段的工作范围，以及尺寸、材质标注及施工工艺的表述，必须清晰详尽（表6-4）。

表6 - 4 施工图设计阶段

内容	表达方式
1. 明确图幅、比例、制图分区安排	–
2. 明确整套图纸的编制流程及内容	编制流程图
3. 明确平面系列的各项具体内容及合并省略情况	编写平面内容系列分配
4. 明确立面在平面中的具体索引	索引草图
5. 拟定各类涉及图表	图纸目录表、设计材料表、灯光、家具表
6. 平面、顶面系类绘制	CAD
7. 立面、剖面系列绘制	CAD
8. 完成平面、立面、剖面的构造详图剖切索引	圈大样、放剖切号
9. 绘制节点大图	CAD
10. 完成各节点详图所在图的编号	CAD
11. 家具、灯具、其他陈设品绘制（单体）	CAD
12. 陈设平面、立面、剖面的最终绘制	CAD
13. 最终电路布置图	CAD
14. 整理全套图纸并编号，完成图纸目录，并完善其他各类图纸	CAD
15. 审校、修改、出图	CAD

第二节 方案设计展现内容

一、方案设计的目的

设计方案的表达是居住空间设计的重要组成部分，设计者的思维创意最后要在表现中体现，它是与居住者沟通的重要途径。方案设计是针对居住者的需求、经济预算等内容进行的预想设计。目的在于设计项目存在的或可能要出现的问题，事先做好计划，拟定解决问题的方法。方案的作用是便于与居住者和各工种讨论施工方法，是互相协作的共同依据。

二、方案设计的表达方式

方案设计的表达方式多种，常用的是方案图册（包括方案图纸和效果图）、实体模型及三维动画等形式。

（一）方案图册

方案图册属于平面表达的方式，是目前最为常见的一种形式。既可通过手绘的形式表达，也可通过电脑、数码相机、扫描仪等工具辅助完成（图6-1）。其中手绘是最方便的方式，可以直接表达设计思想并记录下设计者瞬间的想法，把设计意图很好地表现出来。手绘具有独特性、艺术性、偶然性的表现特点，是电脑设计无法比拟的。

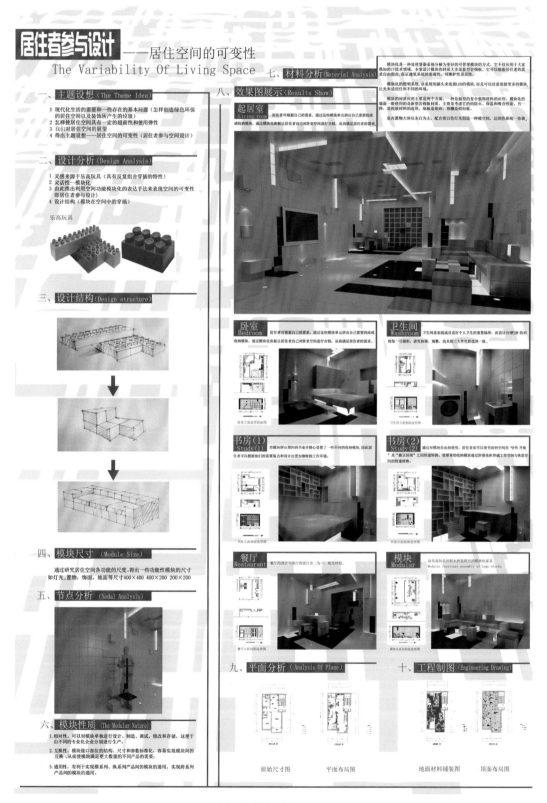

图6-1 方案图册展示

（二）实体模型

实体模型一般用于房地产售楼中心，实物按比例缩小展现给观者，能直观、清晰地了解房屋的效果及结构。这种表达方式很直接，在整体上易于把握。在一些功能要求繁琐的设计任务中，仅仅依靠图纸，往往难以充分表达，设计者常常借助模型来推敲、完善作品。图6-2的实体模型能从不同的角度展示建筑物的形体、朝向、位置、周边环境以及内部的户型。反映的效果更为直观、实际，使观者可以有目的地进行选择，因而能在一定程度上弥补图纸表达的局限性。

图 6-2 实体模型

（三）三维动画

三维动画就是运用3Dmax 等软件建模，渲染得到连贯的画面来表现设计者的意图，通过模拟人的行为和视角，反映建筑的外观、朝向、周边环境、配套设施以及建筑内部的空间结构，让人们直观地体验建筑的内外空间。

三、方案图册的主要内容

（一）平面布置图

平面布置图是基础的表现，根据居室的设计范围和功能使用要求，结合自然条件、经济条件、技术条件等来确定房间的功能布局，确定房间与房间以及室内外之间分隔与联系的平面布局，使平面布局满足经济、实用、美观的要求（图6-3）。

（二）天棚布置图

作为空间顶界面的天棚，在居住空间中占有很大视域，是居住空间设计的主要内容，主要用于表现天花板的造型，以及各种灯具的布置情况（图 6-4）。由于各类房间功能的不同，天棚的设计也有相应的变化。在进行天棚布置图绘制时应充分注意天棚的整体效果，使其与周围各界面的风格、形式协调。

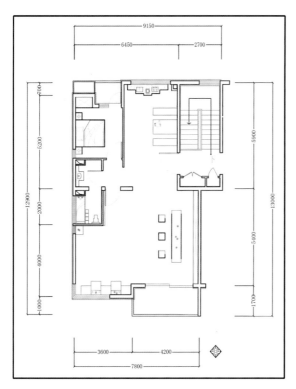

图 6-3 居室空间的平面布置图（单位：mm）

图 6-4 居室空间的天棚布置图（单位：mm）

（三）地面铺装图

人们在居室空间中接触最频繁、最直接的就是地面，地面设计对室内效果的影响十分明显。地面铺装图主要用于表现室内地面的标高、材质及尺寸（图6-5）。

（四）立面图

立面图是设计过程中的常用图例，可以表现设计的概念意图和艺术氛围。根据设计内容的性质，结合材料、结构、周围环境特点及艺术表现要求，考虑居住空间的形象、材料质感、色彩处理等，使形式与内容统一，创造良好的空间艺术形象，以满足人们的审美要求（图6-6）。

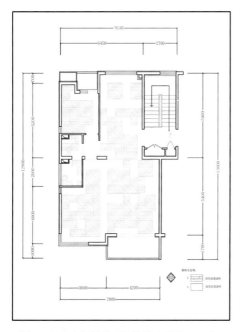

图 6-5 居室空间的地面铺装图（单位：mm）

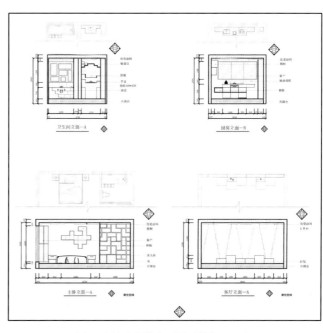

图 6-6 居室空间的立面图（单位：mm）

（五）剖面图

剖面图是根据功能与使用者对立体空间的要求，结合居室内部结构特点来确定房间各部分的高度和空间比例。考虑垂直方向空间的组合和利用，选择适当的剖面形式，进行垂直交通、采光、通风等设计，使居室立体空间关系符合功能、艺术、技术和经济的要求（图6-7）。

（六）效果图

效果图是根据人的视觉习惯，以计算机制图或建筑制图的原理为基础绘制透视图，并以透视图为"骨架"及绘画技巧为"血肉"的表达方式。人们看到实际的室内环境，是一种将三角空间的形体转换成具有立体感的二度空间画面的绘图方式，将设计者预想的方案较真实地再现（图6-8、图6-9）。

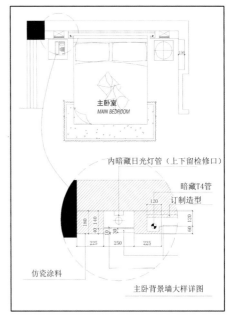

图 6-7 居室空间的剖面图（单位：mm）

图 6-8 起居室效果图

图 6-9 娱乐室效果图

案例F-2：本案例为天津工业大学学生作品。本案例从环保、健康、安全出发，模仿蜂巢的结构功能和造型元素构建整个室内空间（图 6-10 ～ 图 6-15）。通过对自然生物进行模 仿，合理优化空间的功能结构，使其更符合自然规律，让人们的居住更舒适。其中利用风的循环特性，将室内外的冷热空气上下分层，顶部的人工顶与建筑原始顶面之间的空隙，形成室内外空气的交替循环，给整体空间源源不断地注入新鲜空气，让户主居住在一个绿色的空间中。使用天然的新型墙面装饰材料——硅藻泥，引领健康生活（图 6-16）。

在对室内空间进行形态和功能设计，以及选用材质时，充分考虑了户主的职业、年龄及生活喜好。考虑到夫妻两人平时忙于工作，所以地面材料选用了浅色地胶，平时便于打理，当户主从室外进入室内时，踏在地胶铺设的地面上，既有脚踏实地般的脚感，又有稳健防滑的安全感。为了满足男户主的喜好，在客厅和阳台设计了可供多人坐立的凳椅。整个房屋的墙面和顶面均使用硅藻泥作为饰面材料，健康自然，有超强的吸湿性，具有吸附分解有害物质、净化空气、隔音降噪、防火阻燃、保湿隔热等特性，让人置身于一个绿色、健康、环保的室内空间当中（图 6-17～ 图 6-19）。

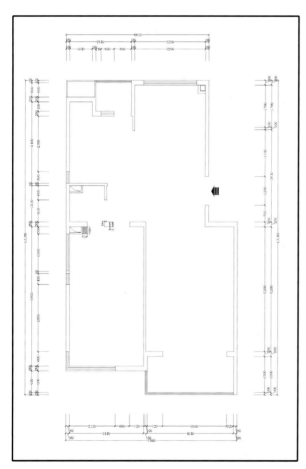

图 6-10 原始户型图（单位：mm）

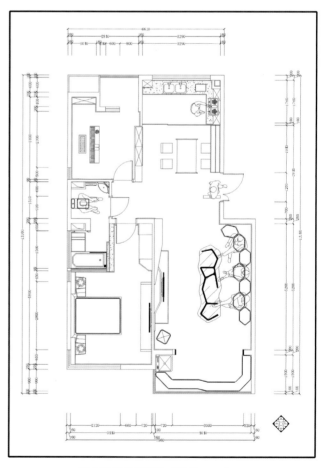

图 6-11 平面布置图（单位：mm）

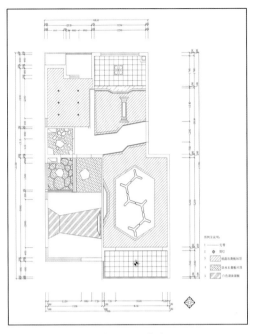

图 6-12 天棚布置图 （单位：mm）

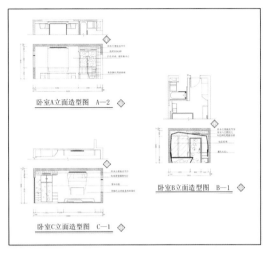

图 6-13 立面图 （单位：mm）

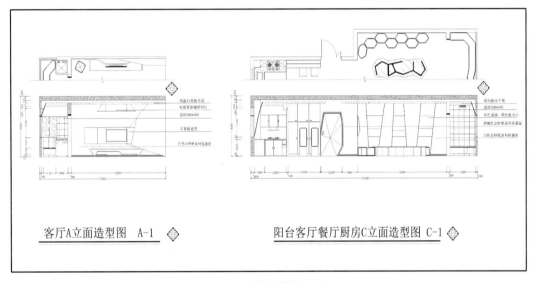

客厅A立面造型图 A-1

阳台客厅餐厅厨房C立面造型图 C-1

图 6-14 立面图 （单位：mm）

图 6-15 起居室

图 6-16 餐厅

图 6-17 起居室阳台

图 6-18 卧室

图 6-19 卫浴间

本章小结

　　本章主要介绍了室内设计程序的流程以及方案设计所展现的内容。目的是使学生通过本章学习，了解每一个设计阶段所包含的内容，理清设计思路，掌握设计方法。

思考与练习

1. 室内设计程序分为哪几个阶段，每一阶段有哪些内容要求？
2. 方案设计包含哪些内容，它们在方案设计中具体起到什么作用？

第七章 居住空间各功能能区域分类设计

引导案例

　　居住空间的设计重点在于空间，注重对原有空间进行科学合理的平面布置，组织整体空间的动线和寻找空间关系。居住空间根据不同的生活用途可分为玄关、起居室、卧室、书房、餐厅、厨房、卫生间、储藏间、走廊、楼梯、阳台等空间区域（案例G–1）。

图 7-1 平面图 （单位：mm）

图 7-2 可旋转的电视墙

图 7-3 起居室与书房

图 7-4 走廊

图 7-5 书房

图 7-6 卫生间

图 7-7 墙面凹凸设计

　　案例 G-1：在本案例的设计中，整体空间采用开放的设计手法，在白色调的映衬下实现空间的最大化处理，伴随着可推动进而旋转的黑色电视墙，起居室与书房在类似游戏的方式中进行置换（图 7-1 ~ 图 7-3）。

　　本案例中夸张的黑白线条组合体现出一种现代的速度感，这种纵向线条的排列体现在天花、墙壁和地面上，宽窄不一，如同条形码，有着强烈的视觉引导作用（图7-4 ~ 图 7-6）。纯白的空间内，墙壁上的凹凸纹理设计使空间内的线条跃动起来，避免平直线条多重累积的呆板（图7-7）。整个空间在近乎没有任何装饰符号与色彩的条件下进行设计，但看上去并不单调或沉闷，因为设计师注重空间中黑与白的比例、材质的对比以及微妙的冷暖关系。

第一节 玄关设计

玄关也叫门厅，作为居住空间的起始部分，它是外部环境空间与内部居住空间的过渡和连接，所以在设计时必须考虑其实用因素和心理因素。

一、玄关的功能

玄关是进出住宅的必经之处，同时也是居住空间给人的第一印象。虽然在面积上相对于其他空间较小，但使用率较高，因此承载着多种实用功能。

（一）视觉屏蔽

在居住空间中，开门见厅是每个主人都不希望的，玄关就是为人们在居室内生活行为的私密性、隐蔽性和安全性而设置的。在客人来访或家人出入时，玄关能够有效地避免外界的干扰，从而带来心理上的安全感。

（二）储藏、更衣

为了给家人出入及客人来访时的更衣、换鞋等活动提供方便，玄关必须留有足够的空间来存放衣物、鞋帽、随身物品等，这就需要设置相关的家具。

（三）装饰功能

玄关是人们进入室内空间中的第一视觉点，因此，它的视觉形象也代表了外界对整个居室的整体印象，展示空间风格、品味也是玄关不可忽视的设计重点。

二、玄关的设计要点

（一）分隔空间

空间的划分强调玄关的空间过渡性。根据整个居住空间面积和空间特点因地制宜地引导过渡，可以设计成圆弧形、直角形，也可以设计成走廊玄关。虽然客厅不像卧室那样具有较强的私密性，但最好能在客厅与玄关中间进行一分隔，在客人来访时，避免客厅被一览无余，既增加了整套空间环境的层次感，还为人们提供了一定的私密性。这种分隔不一定是完全遮挡，可采用通透的设计手法（图7-8）。

（二）家具陈设

家具的摆放既不能妨碍家人及访客的出入，又要发挥家具的实用和美化功能。通常以柜体集纳型家具为主，可放置外出时的衣物、鞋帽、书包以及其他随身物品等。如果家里有老人或行动不便者，还可设置坐凳，同时在墙面设置扶手，以增加使用的方便性、安全性及舒适性。家具的外形应与玄关风格协调（图7-9）。

图7-4 分隔空间

图7-5 家具陈设

（三）隔断设置

隔断是室内空间的主要构成要素，它对于分隔空间和联系空间都是必不可少的。其所分隔的空间隔而不断，互相渗透，有很强的层次感。

1. 空间的相互渗透

有的空间比较单调且缺乏生气，因此需要一些变化。如果把面对室外风景的一面处理成通透的花隔断，使室内外的空间相互渗透，可以使室内富有生机。

2. 隔断的暗示作用

隔断的设置对于空间序列的启示作用是极为重要的。例如，把隔断设在楼梯、入口或通道前，能起到暗示空间的作用。隔断的精致装修可以引起人们的兴趣和注意，从而提示另一个空间的存在（图7-10）。

3. 隔断的装饰作用

在一些较小的空间，特别是家庭居室中的玄关与客厅、餐厅之间设置类似博古架的隔断，在上面陈设一些工艺品，既有分隔作用又有装饰作用（图7-11）。

综上所述，居住空间在自身条件允许的情况下，应在玄关处设置隔断。隔断的设置既分隔空间又保持整体空间的完整性，这体现了玄关的实用性、引导过渡性和展示性等三大特点。

图 7-10 暗示作用　　　　　　　　图 7-11 装饰作用

图 7-12 地面设计

（四）玄关地面设计

玄关地面由于经常承受磨损，所以以石材为首选材料，相对于地板，石材便于清洁、耐磨度高、空间的反射度也高，有助于空间视觉的提升。同时还可以铺设组合成各种图案，通过图案化的设计既可以美化空间，又能适宜地引导方向（图7-12）。

第二节 起居室设计

起居室又叫客厅，是居住空间的公共区域，是家庭活动的中心，是住宅内部活动最为集中、使用频率最高、辅助其他区域的核心空间。由于起居室的核心地位，在居住空间设计中一般都会作为整体空间环境的重点来进行构思规划，并以此来定义整个空间环境的气质、风格与品味。

一、起居室的功能

（一）休闲

起居室首先是家庭团聚交流的场所，这也是起居室的核心功能，因而往往通过一组沙发或座椅的巧妙围合，形成一个适宜交流的场所。

场所的位置一般位于起居室的几何中心处，以象征此区域在居室的中心位置。在西方，居室是以壁炉为中心展开布置的，温暖而装饰精美的壁炉构成了起居室的视觉中心，而现代壁炉由于失去了功能而变成一种纯粹的装饰（图7-13）。大多数现代起居室是以电视机为视觉中心，家庭的团聚围绕电视机展开，形成一种亲切而热烈的氛围。

图 7-13 壁炉为中心展开布置

（二）会客

起居室是一个家庭对外交流的场所，是一个家庭对外的窗口。在我国传统住宅中会客区域是方向感较强的矩形空间，视觉中心是中堂画和八仙桌，主客分列八仙桌两侧。而现代会客空间的格局则要轻松得多，位置随意，可以和整个客厅合为一体（图7-14）；也可以单独形成亲切的小场所，围绕会客空间可以设置一些艺术灯具、花卉、艺术品以调节气氛（图7-15）。会客空间随着位置、家具布置以及艺术陈设的不同，可以形成千变万化的空间氛围。

图 7-14 起居室的会客区域

7-15 单独围合的会客小场所

（三）视听

听音乐和看电视是人们生活中不可缺少的部分，现代视听装置的出现对位置、布局提出了更加紧密的要求。电视机的位置与沙发座椅的摆放要吻合，以便坐着的人都能看到电视画面，要避免斜视、仰视、俯视。另外电视机的位置和窗的位置有关，要避免逆光以及外部景观在屏幕上形成反光，对观看质量产生影响。

（四）阅读

在家庭的休闲活动中，阅读占有相当大的比例。以一种轻松的心态浏览报纸、杂志或小说，对许多人来讲是一件愉快的事情。这些活动没有明确的目的性，时间规律很随意很自在，因而不在书房进行。这部分区域在起居室存在，但位置并不固定，往往随着时间，场合而变动。如白天人们喜欢靠近有阳光的地方阅读，晚上希望在台灯或落地灯旁阅读。

二、起居室的位置

在一般情况下，起居室的位置通常离主入口较近。为了避免一进门就对其一览无余，最好在入口设置玄关，进而对空间和视线进行分隔。当卧室或卫生间和起居室直接相连时，可以通过改变门的位置或对其所在墙面进行装饰，以增加隐蔽性来满足人们的心理要求。图7-16通过软包设计在装饰墙面的同时将卧室门进行遮挡，使卧室门得到视觉弱化，通过整体规划增加隐蔽性，满足人们的心理要求。

图 7-16 起居室的墙面装饰

三、起居室的布局形式

（一）避免斜穿

起居室在功能上作为住宅的中心，在交通上则是住宅交通体系的枢纽，起居室常和户内的过道、餐厅以及卧室的门相连，如果设计不当就会造成过多的斜穿流线，使起居室的空间完整性和安定性受到极大的破坏。因而在布局阶段一定要注意对室内动线的研究，要避免斜穿，避免交通路线过长。措施一是对原有建筑布局进行适当的调整，如调整门的位置；二是利用家具布置来围合、分隔空间，以保证区域空间的完整性。

（二）家具的布置

由于起居室的利用率高，布置应以宽敞为原则，为了体现舒适和自在的空间感觉，最好通过家具的合理摆放有效利用空间。通常情况下，主要考虑沙发、茶几、椅子及视听设备，其中沙发的布置较为讲究。

1. 一字型布局

沙发以一字型的方式靠墙布置。这种布局所占空间面积较小，适用于面积不大的空间。

2. L 型布局

即有两个呈L型的实体墙面，是比较开敞的布局方式，沙发根据墙的转角进行布置，通过天花的造型、地面的高差等限定起居室的空间范围。L型布局可以充分利用室内空间，使空间具有流动性的同时也对空间有所限定。

3. U 型布局

U型布局是目前最为常用也是最为理想的沙发布局形式，沙发或椅子布置在茶几的三边，开口向着电视背景墙、壁炉或最吸引人的装饰物。这种布局营造出庄重气派又亲密温馨的氛围。

4. 相对式布局

通过把沙发放置在茶几两边，形成面对面交流的状况。这种布局适合较为宽敞的空间，而且为交谈双方营造自然而亲密的气氛，有良好的会客氛围，但不太适合追求视听功能的客厅空间（图7-17）。

5. 分散式布局

这是一种随意性比较大的布局方式，可根据主人在起居室中的日常生活方式进行最舒适、最便捷的区域流线划分。这种布局十分符合喜好休闲、个性化的年轻人。图7-18通过家具围合出动态交通区域与静态使用区域，两者在相互联系的同时，各自区域感也独立明确，流线划分清晰。

图 7-17 相对式布局

图 7-18 分散式布局

四、起居室的设计要点

（一）起居室顶棚设计

起居室的顶棚由于受住宅建筑层高低的限制，不宜整体设置吊顶及灯槽，应以简洁形式为主。通常与重点墙面相结合，设置局部吊顶，通过对重点墙面造型的延续，与重点墙面共同形成空间的视觉重点（图7-19）。

还可采用四周吊顶、中间不吊的方法，设计成各种造型，同时配以射灯或筒灯，中间部分配以吸顶灯或吊灯。这种方法多用在一些面积较大且挑高较高的起居空间中，可以产生一种集中感（图7-20）。

图 7-19 起居室的顶棚设计（一）

图 7-20 起居室的顶棚设计（二）

顶棚是室内造型装饰的主要组成部分，其透视感较强，通过不同的处理，配以灯具造型能增强空间的感染力，同时限定区域空间范围。但是顶棚的设计应根据住宅的实际情况来定，在一些面积不大的起居空间中，切不可盲目地对顶棚进行处理，以防止空间产生压抑感。所以在顶棚的处理上，要将实用与审美相结合，绝不能以牺牲空间面积为代价进行无谓的装饰。

（二）起居室墙面设计

起居室的墙面是起居室设计中的重点部位，因为它的面积较大且位置重要，是视线集中的地方，对整个室内的风格式样及色调起着决定性作用，它的风格也是整个室内的风格。起居室墙面设计最重要的是从使用者的兴趣、爱好出发，体现不同家庭的风格特点与个性，这样才能设计出有个性、多姿多彩的起居室空间。

起居室的墙面起衬托作用，因此设计不能过多、过滥，应以简洁为好。色调最好选用明亮的颜色，这样可以使空间明亮宽阔，又可以使视觉不受到强烈的刺激。同时应该对一个主要墙面进行重点处理，以集中视线，表现家庭的个性及主人的爱好。 图 7-21 中室内以白色为主基调，墙身及天花造型以弧形作为基本元素，延伸至整个室内空间，同时墙身大胆地运用手绘方式作为装饰，创造了丰富的视觉效果。客厅中从天花一直贯穿至墙身的发光带是极具创意的大胆设计，以图案的形式出现，既具装饰性又令客厅呈现视觉的聚焦点，产生强烈的冲击力。

图 7-21 起居室的墙面设计

总之，起居室是居住空间设计的重点，而起居室中主要墙面的设计又是重中之重。设计者应从每个家庭的特殊性及主人的兴趣和爱好出发，发挥创造性，以达到更好的审美与实用效果。

（三）起居室地面设计

起居室地面材质选择余地较大，可以用地毯、地板、天然石材、水磨石等多种材料，使用时应对材料的肌理、色彩进行合理的选择。地面的造型也可以通过不同的材质、颜色、大小进行对比来取得变化（图7-22）。

（四）起居室陈设设计

可用于起居室装饰的陈设品很多，而且没有定式。只要适合空间需要及符合主人爱好，均可作为装饰陈设。室内陈设物品的选择与设计必须有整体的概念，不能孤立地评价物品材质的好坏，关键在于看它是否能融入起居室的整体环境，与室内整体风格一致。图7-23简洁大气的空间里，木质家具似乎隐隐散发出大自然的味道，造型优美的桌椅、做工精良的金属器皿、点缀其中的银色靠垫显得成熟而高雅。细细品味每一个小细节，无不体会到一种沉稳淡雅。

图7-22 起居室地面设计

图7-23 起居室陈设设计

第三节 卧室设计

睡眠区域始终是居住环境中必要的甚至是主要的功能区域，直至今天，住宅的内涵尽管不断扩大，但睡眠的功能依然在居住空间中占据重要位置。

一、卧室的功能

卧室主要是提供睡眠、休息的空间，是确保不受他人妨碍的私密性空间。卧室的设计应从两方面入手：一方面，卧室要使人们能够安静地休息和睡眠，同时保证生活的私密性；另一方面，要满足休闲、工作、梳妆、卫生保健及储藏等综合要求。因此，卧室实际上是一个涵盖了多种综合功能的空间，其中休息、睡眠是卧室空间的核心内容。

二、卧室的种类及设计要点

（一）主卧室

主卧室是私人生活空间，它除了满足睡眠这一基本功能外，还必须具备以下功能：

① 在主卧室设休闲区的目的是满足人们视听、阅读和思考等活动的需要，并配以相关的家具和必要的设备（图7-24）。

② 梳妆与更衣是卧室的另外两个相关功能。组合式与嵌入式梳妆家具，既实用又节省空间，并增进整个卧室的统一感。可在适宜的位置设立更衣区域，在面积允许的情况下，可在主卧室内单独设置步入式更衣室，将更衣与梳妆有机地结合在一起（图7-25）。

③ 主卧室的储藏物多以衣物、被褥为主，所以衣柜的设置是必不可少的，这样有利于加强卧室的储藏功能。衣柜的样式风格要与卧室的风格一致，利于空间的统一。

图 7-24 主卧室的休闲区

图 7-25 主卧室的步入式更衣室

④ 一般卧室的窗帘宜采用两层，一层半透明薄纱，一层厚布帘，这样可起到调节日光的作用，使日光在室内出现柔和的视觉效果。

⑤ 卧室中，床是布置的中心内容，从防潮与清洁的角度考虑，让床能尽量受到太阳光照射，同时，在面积允许的情况下，床两边留出位置，这样便于出入，也便于清洁。除此之外，卧室还需尽量留有一定的活动空间（图7-26）。

总之，主卧室的设计必须在安全、私密、便利、舒适和健康的基础上，营造出优美的格调与温馨的气氛，使主人在优雅的生活环境中得到充分的放松与休息。

图 7-26 卧室的床的布置

（二）老人房

人在进入暮年以后，从心理上和生理上均会发生许多变化。进行老人房的设计，首先要了解这些变化和老年人的特点，并为此做出特殊的布置和装饰。

① 老年人的一大特点是好静，因此必须要做好隔声、吸声处理，避免外界的干扰，营造安静的环境氛围。

② 房间朝向以南为佳，以保证光线的充足。夜间要设置柔和的照明，解决老年人视力不佳、起夜较勤等问题，确保安全。

③ 老年人一般腿脚不便，为了避免磕碰，家具的棱角应圆润细腻，过于高的橱柜、低于膝盖的大抽屉等，都不宜使用。在所有家具中，床铺对于老年人至关重要，有的老年人并不喜欢高级的软床，因为它会"深陷其中"，不便翻身。老年人的床铺高低要适度，便于上下、睡卧认人以及卧床时取日用品。需用轮椅出行的老人房间，门厅要留足空间，方便轮椅进出或回旋。

④ 老年人的另一大特点是喜欢回忆过去的事情。所以在居室色彩的选择上应偏重古朴、平和、沉着的室内装饰色。墙面可选择乳白、乳黄、藕荷等素雅的颜色。家具多采用深棕色、驼色、棕黄色和米黄色等，浅色家具显得轻巧明快，深色家具显得平稳庄重。例如，墙面与家具一深一浅，相得益彰，只要对比不过于强烈，就能取得良好的视觉效果（图7-27）。

总之，老人房的布置格局应以他们的身体条件为依据。家具摆设要充分满足老年人起卧方便的要求，实用与美观相结合，装饰物品宜少不宜杂，创造一个有益于老年人身心健康的亲切、舒适、优雅的环境。图7-28整体设计采用直线、平行的布置法，使视线转换平稳，避免强制引导视线的因素，力求整体的统一，背景墙面软包的处理在装饰空间的同时又起到一定的隔声作用（图7-28）。

图 7-27 老人房的色彩运用

图 7-28 老人房的设计

第四节 书房设计

书房是人们阅读、书写、工作、研究和密谈的空间，它是最能体现主人的兴趣、爱好、品味和专长的场所。书房既是家居生活的一部分，又是办公室的延伸，需要安静、幽雅，具有良好的采光，使主人在书房中保持着轻松宁静的心态。

一、书房的功能

书房的格局可分为开放式和闭合式两种。一般来说，住宅面积较小时，多会考虑开放式的格局，使其成为家庭成员共同使用的休息和阅读中心（图7-29）；住宅面积足够时，最好采用互不干扰、领域感较强的闭合式空间布局（图7-30）。根据书房使用者的要求，空间划分大体包含三个功能区域。

图 7-29 开放式书房

图 7-30 闭合式书房

① 具有书写、阅读和创作等功能的工作区。该区域以书桌为核心，以工作的顺利展开为设计依据。

② 具有书刊、资料、用具和收藏等物品存放功能的藏书区或储物区。这是最容易也最能够体现书房性质的组成部分，以书柜、陈列柜为代表（图7-31）。

③ 具有会客、交流和商讨等功能的交流区域。该区域因主人的需求不同而有所区别，同时会受到书房面积大小的影响。这一区域通常由客椅或沙发构成，形成虚拟空间（图7-32）。

图 7-31 书房的陈列柜设计

图 7-32 书房的休闲区域设计

二、书房的位置

书房的设置要考虑朝向、采光、景观、私密性等多项要求，保证书房的未来环境质量优良。在朝向上，书房多设在采光充足的南向、东南向或西南向，室内照度较好，以便缓解视觉疲劳。

由于人在书写阅读时需要较为安静的环境，因此书房在居居室中的位置设计应注意如下几点：

① 适当偏离活动区，如起居室、餐厅，以避免干扰。

② 远离厨房、储藏间等家务用房，以便保持清洁。

③ 和儿童房应保持一定的距离，避免儿童的喧闹，影响环境。

书房往往和主卧室的位置较为接近，甚至可以将两者相连（图7-33）。

图 7-33 书房位置

三、书房的设计要点

工作区域在位置和采光上要重点处理。书桌的摆放要以书写左侧进光为主，考虑该空间良好的采光以及避免阅读、使用电脑时产生眩光，在保证安静的环境和充足的采光外还应设置局部照明，以满足工作时的照度。窗帘的材料通常选用既能遮光又具有通透感的浅色窗帘，还可选择百叶窗，强烈的日照通过窗幔折射会变得温柔舒适。

工作区域与藏书区域的联系要便捷，藏书要有较大的展示面，以便查阅（图7-34）。

现代工作区域通常都具备电脑、打印机等多项数码设备，应预留出电源插座的位置，尽量避免过多的导线造成空间混乱。可以根据收藏和储藏物品的类型、尺寸设计柜架（图7-35）。

图 7-34 工作区域与藏书区域

图 7-35 书柜设计

书房虽是工作空间，但要与整套家具取得设计上的和谐，需要利用色彩、材质的搭配和绿化手段营造一个宁静而温馨的工作环境，根据工作习惯布置家具、设施及陈设品，以此体现主人的个性及品味。图 7-36 中书房内的毛笔架、吊灯以及书柜上的镂空图案，都是东方元素的体现。传统中透着现代，现代中杂糅着古典。

图 7-36 书房设计

第五节 餐厅设计

餐厅对于每个家庭成员来说，不仅仅是满足基本生理需求的场所，也是交流的社交场所。从"可以吃"到"吃感觉"，体现了人们对高品质生活的追求。餐厅的设计要便捷、卫生、舒适，更重要的是通过设计营造风味融洽、格调高雅的空间使用环境。

一、餐厅的功能

餐厅是家人日常进餐并兼作宴请亲友的活动空间。从合理需要看，每一个家庭都应设置一个独立餐厅，然而，若住宅条件不具备设立独立餐厅时，也应在起居室或厨房设置一个开放式或半独立的用餐区域。倘若餐室处于一个闭合空间，其表现形式可自由发挥（图 7-37）；倘若是开放式布局，应与处于一个空间的其他区域保持风格的统一（图 7-38）。无论采取何种用餐形式，餐厅的位置居于厨房与起居室之间是最为合理的，在使用上可节约食品供应时间，缩短就座进餐的交通路线。

二、餐厅的设计要点

（一）餐厅顶棚设计

餐厅的顶棚设计往往比较丰富而且讲究对称，其几何中心的位置是餐桌，因为餐厅无论在中国还是在西方，无论餐桌是圆桌还是方桌，就

图 7-37 闭合式

图 7-38 开放式

餐者均围绕餐桌而坐，从而形成一个无形的中心环境（图7-39）。但即便是不对称的，其几何中心也应位于中心位置，这样处理有利于空间的秩序化（图7-40）。

图 7-39 对称式

图 7-40 自由式

（二）餐厅墙面设计

餐厅墙面的设计除了要依据餐厅和居室整体环境相协调、统一的原则外，还要考虑到它的使用功能和美化效果的特殊要求。一般来讲，餐厅较卧室、书房等空间要活泼一些，并且要注意营造一种温馨的气质，以满足家庭成员的聚会心理。图7-41中餐厅局部墙面上安装镜面，以此在视觉上营造空间增大的感觉。图7-42中餐厅局部墙面采用显露天然纹理木质板材，透露出自然纯朴的气息。图7-43中餐厅墙面玻璃和木纹巧妙配合，传统中透露着时尚气息。

图 7-41 墙面设计（一）

图 7-42 墙面设计（二）

图 7-43 餐厅墙面设计

（三）餐厅地面设计

因其功能的特殊性而要求便于清洁，同时还需要有一定的防水防油垢特性，可选用大理石、釉面砖、复合地板等。地面的图案可与天花相呼应，也可有更灵活的设计，需要考虑整体空间的协调统一。图7-44中餐厅地面通过图案化的处理与吊顶形成形体上的呼应。

（四）餐厅家具的布置

对于餐厅家具的布置，应根据家庭日常进餐人数来确定，同时也应满足宴请亲友的需要。小型餐室（4人桌）面积应在 5~7 m²，中型餐室（6人桌或8人桌）面积应在 10.40 ~ 14.90 m²，大型餐室（10人桌）面积应在14.90 ~ 16.0 m²。

餐厅内部的家具主要是餐桌、餐椅、餐边柜、酒柜等，其中

图 7-44 餐厅地面设计

以餐桌为中心展开布置，由于用餐习惯不同，西方多采用长方形或椭圆形的餐桌（图7-45），而我国多选择正方形与圆形的餐桌（图7-46）。在面积不足的情况下，可采用折叠式的餐桌椅进行布置，以增强使用上的机动性。座椅的布置要考虑容身空间和前后位置，留出人的活动流线和弹性空间。通常，座椅距后墙的最小距离为500 mm。

图 7-45 西式餐厅

图 7-46 中式餐厅

第六节 厨房设计

厨房是住宅功能比较复杂的区域，既是每个居住空间不可或缺的区域，又是居住空间进行食物料理和储藏的场所。在空间位置上，厨房通常与餐厅、起居室紧密连接，有的还与阳台相连。厨房的设计是否合理，不仅影响使用效果，而且影响整个居室的装饰效果。

一、厨房的功能

随着人们生活水平的不断提高，越来越多的人意识到厨房设计的优劣关系到整套住宅的功能好坏，所以对厨房的面积、功能、风格要求也越来越高。厨房的基本功能是储藏、调配、清洗、烹饪，这是一个连贯的操作过程，因此三个工作中心可以形成一个连贯的工作三角区域（图7-47）。该三角形的边长之和越小，人在厨房中所用的时间就越少，劳动强度也就越低。三角形的边长之和控制在3.5～6 m为宜。为了简化计算，一般家庭还可利用冰箱、水槽及灶台构成工作三角区域（图7-48）。

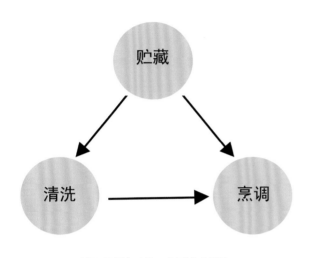

图7-47 厨房工作三角区域示意图

图7-48 厨房三角区域示例图

二、厨房的基本类型

（一）封闭型

厨房多为封闭型。就是用限定性较高的围护实体——墙体，对空间进行封闭式的围合。封闭型厨房具有很强的领域感与私密性，对视觉和听觉具有较强的隔离性。减少厨房使用时对其他空间的空气污染，厨房的作业效率是封闭式厨房考虑的首要因素，与就餐、起居等空间分隔开来。

（二）开敞型

开敞型厨房适用于较大的区域，体现出空间的流动性和渗透性。它提供了更多的室内外景观串联和更大的视野。不同功能的空间用家具隔开，空间流通，使用方便。在厨房使用频率较少和以无烟式烹饪为主的情况下，可以采用开敞型厨房设计，这样有利于厨房与餐厅等其他空间之间的连接，创造丰富的空间视觉效果（图7-49）。

图7-49 开敞型厨房

三、厨房的平面布局形式

厨房的活动内容繁多，如果对平面布局形式没有科学合理的安排，即使拥有最先进的厨房设备，也会使厨房里显得杂乱无章。所以，为了研究厨房设备布置对厨房使用情况的影响，通常是利用前面所讲的"工作三角区域"来处理它们之间的关系，以保证工作路线的流畅。

下面利用工作三角区这一原则，对常用的几种厨房平面布局形式进行讨论：

（一）I型平面布局

三个工作重心位于一条线上，形成"I"字型的单排方式（图7-50）。

优点：操作时没有任何障碍物影响走动，每个柜子都能充分利用，一目了然。缺点：操作台面相对较小，不利于多人的协同操作。柜体一般不会太多，厨房用品较多在使用时略显局促。设计要点：在采用这种布置方式时，必须注意避免把"战线"拉得过长，以免影响工作效率。

（二）II型平面布局

沿着相对的两面墙布置的走廊式平面（图7-51）。需要注意的是，要避免有过大的交通量穿越工作三角区域，令使用者感到不便。

优点：厨房面积不小于 8 m^2，相对 I 型厨房要实用得多。缺点：灶台与水槽分居左右，两边各有操作台面，增加工作负担。设计要点：两排橱柜之间的宽度不应小于900 mm，否则转身过人都会略显拥挤。

图 7-50 I 型平面布局

图 7-51 II 型平面布局

（三）L型平面布局

厨房工作区沿墙作90°双向展开，呈L型（图7-52）。

优点：沿着相邻的两个墙面连续布置，这种方法可有效地利用墙面，工作三角区域避开了交通流线，顺序比较明确，操作省力方便。缺点：地柜的转角部分是一个视觉及使用的盲区。可用转角加入拉篮设计处理这一区域，增加使用方便性、视觉美观性（图7-53）。设计要点：一般根据现场条件，将水槽与灶台尽可能地安装在L型两边，增加中间区域的使用面积。

图 7-52 L 型平面布局

图 7-53 地柜转角处拉篮设计

图 7-54 U 型平面布局

（四）U 型平面布局

厨房工作区域沿墙三边布置，整体布局呈U型（图 7-54）。

优点：操作顺畅，清洗、烹调、储藏三角关系明确，是一种是十分有效的布局形式。缺点：与L型橱柜相似，在转角处比较矛盾，可加入拉篮设计。设计要点：由于空间较大，为使用方便，尽可能多考虑布置的家电。

（五）岛式平面布局

岛式厨房布局最适合家庭成员在厨房协同工作和交流，全家人可以围坐在岛台前备餐或就餐，使家庭气氛更加融洽，促进家庭成员间的沟通。

优点：中间的岛台用途广泛，既可做餐桌、吧台，又可做操作台，方便使用。缺点：占地面积大。设计要点：岛台分两种，一种是与整体橱柜相连的岛台，另一种是独立的岛台。在设计时要求空间足够宽敞，多用于开敞式厨房。可以把岛台作为操作区（图 7-55），也可作为就餐区（图 7-56），从橱柜各边都能就近使用它，在分隔空间的同时，具有一定的装饰作用。

图 7-55 岛式平面布局（一）

图 7-56 岛式平面布局（二）

四、厨房的设计要点

① 设计厨房前，应认真测量空间的大小，以便充分利用空间的每一个角落。工作三角区域内要配置全部必要的器具和设备。

② 设计一些设备的预留位置，考虑到可添、可改、可持续发展的问题。

③ 管线与设备要全部配套，每个工作中心应设有两个以上的插座。

④ 将地柜与吊柜以及其他设施组合起来，构成连贯的单元，避免中间有缝隙或出现凹凸不平，方便清洁。

⑤ 工作三角区域边长之和小于6m，以确保功能区域的有效联系。

⑥ 操作台及各吊柜要有足够的空间，以便贮藏各种设施。

⑦ 地柜高度通常为800～900mm，进深为500～600mm。吊柜顶面净高通常为1900mm，进深为300～350mm。

⑧ 灶台与冰箱之间至少要间隔一个单元的距离。

⑨ 厨房里垃圾量较大，垃圾应放在方便倾倒又隐藏的地方，比如水槽下的地柜门内设置垃圾桶或者可推拉式的垃圾抽屉。

⑩ 厨房应设置排风扇，以配合抽油烟机工作，确保良好的通风效果，避免油烟污染。

第七节 卫浴间设计

卫浴间是居室很重要的组成区域，许多人既要卫浴间实用、舒适，又要时尚、有个性。为了迎合现代人的需求，在卫浴间的设计风格上要力求别具一格，不但体现功能性，还要彰显出生活品味和个性。

一、卫浴间的功能

卫浴间是有多种设备和多种功能的家庭公共空间，也是私密性较高的空间。卫生间的设计主要考虑盥洗、梳妆和入厕三种主要功能，也可以增加洗衣、贮藏、视听等辅助功能。虽然卫生间在整体住宅面积配比不大，但它的使用频率高、设施复杂、内容繁多，是住宅空间设计中的重点和难点。例如，卫浴间的装饰，应建立在安全、环保的基础之上。卫浴间的装饰以不破坏空间的秩序感为原则。卫浴间洁具的选择不仅要考虑其典雅的造型，更要考虑其耐磨性、环保性等，既要满足实用、美观的需求，又要注重器具的寿命。在设计人性化的同时最大限度地利用空间，使其功能完善，设施齐备，营造一个美观、舒适、健康、有品味的理想卫浴环境。图7-57中卫生间吊柜的设计既增加了功能的实用性，又在视觉上增大了空间面积，同时下方灯光的配合既提供了局部照明的需要，又使整体空间照明有了层次的变化。

图 7-57 功能设计

二、卫浴间的平面布局形式

卫浴间依据功能的不同可分为以下三种类型：

（一）独立型

通过实体墙面或隔断将洗脸梳妆、洗浴以及如厕进行相互分隔（图7-58），形成各自独立的空间，称为独立型。

优点：各室可以同时使用，互不干扰，功能明确，使用方便。

缺点：空间面积占用较多，装修成本较高。

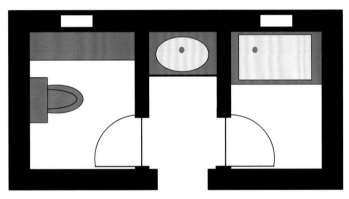

图 7-58 独立型卫浴间

（二）兼用型

将浴缸、洗面盆、坐便器等洁具集中于一室，称为兼用型（图 7-59）。

优点：节省空间且经济，管线布置简单。

缺点：不适合多人同时使用，因面积有限，很难设置贮藏等空间。兼用型一般不适合放置洗衣机，因为洗浴空间的潮湿会影响洗衣机的寿命。

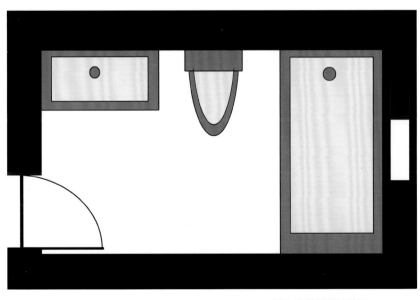

图 7-59 兼用型卫浴间

（三）折中型

卫浴间中的基本设施，部分独立、部分合为一室的情况，称为折中型（图7-60）。折中型兼顾上述两种类型的优点，在同一卫浴间内，干身区与湿身区分开，各自独立。干身区包括洗面盆和坐便器；湿身区包括浴缸或花洒，中间用玻璃隔断或浴帘分隔。

优点：相对节省空间，组合比较自由。

缺点：部分卫浴设施置于一室时，仍有互相干扰的现象。

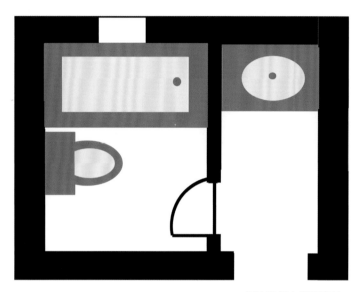 

图 7-60 折中型卫浴间

三、卫浴间的设计要点

① 在墙面地面砖铺贴前，1800 mm以下的空间必须做好防水处理。因卫浴间的湿度大，还应考虑地面防滑。

② 当卫浴间的面积较小时，梳妆镜应尽可能大一些，通过镜面反射，可将心理空间扩大（图7-61）。

图 7-61 梳妆镜设计

③ 卫浴间整体色彩、风格的选择应与洁具的色彩配合，或协调或对比，还需与整个居住空间相统一。图 7-62整体色彩、风格调和统一，体现出空间和谐的美感。图7-63以功能区域为原则，通过局部材质、色彩的对比划分卫浴空间，通过虚拟分割的手法在整体的基础上形成各自不同的空间领域感。

图 7-62 色彩协调

图 7-63 色彩对比

④ 为了使用方便，最好进行干、湿分区。

⑤ 如家里有老年人或残疾人，要在卫浴间安装扶手和坐椅，这样可以最大程度地保证老年人以及残疾人的安全。洗浴间的门要向内开启，在紧急情况下，便于外部救援人员进入。

⑥ 洁具设备、五金配件多为纯净的白色、金属色，可以通过艺术品、织物和绿化塑造温暖惬意的环境氛围，使卫生间更具人性化。

图 7-64中精心摆放的小部件使空间不再单调乏味，在注重人性化的同时，也考虑卫生间化妆品、衣物的收纳问题。

图 7-64 局部绿化陈设

第八节 走廊设计

走廊在居住空间的构成中属于交通空间，起到连接生活区域各部分的作用，是空间与空间水平方向的联系方式，是组织空间秩序的有效手段。

一、走廊的功能

由于居住空间中各使用空间是主角，所以走廊这类交通空间比较次要，容易在设计时被忽视。实际上，它是组织空间序列的手段，是一个空间通向其他空间的必经之路，因而它具备较强的引导性。设计师往往通过走廊来暗示其他空间的存在，以增强空间的层次感、序列感和趣味性。

二、走廊的平面形式

依据走廊在空间的平面布局形式可分为I型、L型、T型和弧形四种。

（一）I 型

简洁、直接、方向感强。若是外廊，则显得明亮、开朗。但在室内布局中，如果过长，就会产生单调、沉闷的感觉。

（二）L 型

迂回、含蓄、富于变化，能增强空间的私密性。它可把性质不同的空间相连，使动静区域间的独立性得以保持，使空间构成在方向上产生突变。

（三）T 型

是空间之间多向联系的方式，T型交汇处往往是设计师大做文章之处，可形成一个视觉上的景观变化，有效打破走廊沉闷、封闭的感觉。

（四）弧形

由于弧形本身具有运动感，因此弧形墙体的使用本身也具有强烈的方向感，同时空间的曲线型变化，产生一定的视觉阻碍。会使人不经意之间产生一种期待感，沿线探索未知空间信息，不自觉地对人产生方向性的引导。但由于占地面积较大，这种形式通常用于较大的居住空间中。

三、走廊的设计要点

（一）走廊的顶棚设计

由于受房高的限制，走廊的顶棚形式较为简单，例如，可进行照明灯具的排列布置，不要做太多的造型变化以免累赘，并影响空间高度，可在局部稍加点缀加以变化。由于走廊没有特殊的照度要求，因而它的照明方式常常是筒灯、射灯或牛眼灯，甚至天棚完全不设灯具，只依靠壁灯来完成照明，有效地利用光来消除走道的沉闷气氛，创造生动的视觉效果。图7-65中走廊顶棚通过形体造型的重复，在呼应地面的同时体现出空间的秩序感，而且增加了空间的引导性。

（二）走廊的墙面设计

走廊空间的墙面可以做较多的装饰和变化。走道的装饰往往和其自身尺度有较大的关系。走廊越宽，人就有足够的视觉距离，对装饰的细节也就越加关注。走廊的装饰有两方面的含义，一方面是墙面的比例分割、材质对比、照明形式变化，以及各空间与走廊相连接的哑口与门口的处理等。当走廊较短时，门扇往往成为变化的重要因素。这时门的样式、材质对比及五金件的选择都很重要的。另一方面是艺术陈设，如字画、装饰艺术品、壁毯等种类繁多的艺术形式，可使走廊的艺术气氛和整体水平得到提升。图7-66中隔断的设置既保持了走廊的独立性，又能自然地连接空间，同时其自身的造型有利于在视觉上提升空间的高度感。图7-67中走廊镜面玻璃的设计有利于扩大空间感。

图 7-65 顶棚设计

图 7-66 墙面设计（一）

图 7-67 墙面设计（二）

（三）走廊的地面设计

走廊地面一般不设置任何家具，所以它的地面几乎百分白的暴露。当走廊地面选用不同的材料时，图案变化最为完整，因此选择图案时应注意视觉完整性。同时应考虑起居室、卧室、卫生间等的地面材料，以保持空间地面材料变化的独立性，因而收口部位的处理十分重要。图7-68中将地面处理成一种具有强烈方向性或连续性的图案，暗示前进方向，有助于把人引入某个特定的目标。

第九节 楼梯设计

楼梯是跃层住宅或别墅住宅的重要构成因素，一般在跃层住宅中，楼梯的位置是沿墙或拐角设置的，这样可以避免浪费空间；而在别墅或高级住宅中，楼梯的设置就不再那么拘束，可以充分表现楼梯的魅力，成为一种表现住宅整体气势的手段。图7-69中优美的楼梯曲线打破了建筑自身呆板的形式，在柔化空间线条的同时，使空间显得灵动、典雅。

图 7-68 地面设计

图 7-69 楼梯设计

图 7-70 安全性设计

一、楼梯的功能

楼梯在住宅中起到垂直空间的联系作用。在跃层住宅或别墅住宅中，楼上通常是私密性空间，如卧室、儿童房、书房等，而楼下是起居室、餐厅、厨房等。楼梯能很严格地将公共空间与私密空间隔离开来。图 7-70 考虑到夜间上下楼时的安全，在梯蹬上安装灯带或在侧面墙上安装小夜灯。

二、楼梯的形式

住宅中不同形式的楼梯所营造的气氛大相径庭，可分为以下四种：

（一）直跑型

直跑型楼梯应用广泛，它占空间少、方向感强，和其他空间的关系也易于衔接。但坡度陡，不利于老人、孩子及行动不便者上下，因此必须考虑坡度、扶手高度和地面材料的选择（图 7-71）。

（二）L 型

L 型楼梯多沿墙布置，因其方向有改变，因此具有一定的引导性和空间私密性，楼梯的一侧可以利用形成储藏空间。同时，L 型楼梯也具有变向功能，用以衔接轴向不同的两组空间（图 7-72）。

图 7-71 直跑型楼梯

图 7-72 L 型楼梯

（三）U 型

U 型楼梯中间有休息平台，较舒适，但占用空间大，因此，可将折回部分的休息平台做成旋转踏步（图 7-73）。

（四）旋转型

旋转型楼梯造型生动，富于变化，常常成为空间中的景观（图 7-74）。

图 7-73 U 型楼梯

图 7-74 旋转型楼梯

三、楼梯的设计要点

（一）楼梯的尺寸

住宅中的楼梯相对于公共建筑的楼梯一般都不大，与整体住宅的规模相适宜。住宅中楼梯的宽度满足750 mm即可，保证上下人之中有一方侧身，另一方可通过。梯蹬的高度一般150～200 mm，面宽250～300 mm。

（二）梯蹬

楼梯由梯蹬、栏杆和扶手组成。梯蹬通常用较为坚硬耐磨的材料，以石材、木板、15～20 mm厚钢化玻璃、地毯等为主（图 7-75），但若有老人、儿童及行动不便者居住，钢化玻璃及地毯应慎用。梯蹬解决了楼梯的主要使用功能，是楼梯的主体。但梯蹬形态单一，为了增强表现力，常常将不同的材料（如不同质感的石材、木板与石材、石材）与地毯放在一起产生对比美。

图 7-75 梯蹬设计

（三）栏杆

栏杆在楼梯中起着围护作用，以保证上下楼梯时的安全，对其高度、密度和强度都有较高的要求，高度通常为900 mm左右，纵向密度要保证三岁以下儿童不至于从空隙跌落，横向间空隙为110 mm，强度则要求能承受 180 kg的推力。其常用的材料有铸铁、不锈钢、实木或15 mm厚钢化玻璃（图7-76）。在设计中，安全是首位，要受力明确且结实有力，其次才是装饰。栏杆受力生根部分一般用圆钢制成，通过它们，扶手和栏杆所受的力可以均匀传递至楼梯的主体结构。围合部分的装饰风格可根据空间整体风格进行设计。

图 7-76 栏杆设计

（四）扶手

扶手位于楼梯护栏的上部，它和人的手相接触，把人的上部躯干的力量传递到梯蹬上。对老人、儿童而言，它则是得力的帮手。设计时既要在尺度上符合人体工程学的要求，又要兼顾造型的比例。

扶手的直径一般不小于50 mm。在材质上要顺应人的触觉要求，质地柔软，舒适，富于人情味。扶手的材料常用木材，有时也可用石材或金属，如果使用金属时，应在适当的部分穿插木材或皮革，以免过于冰冷或生硬。扶手断面的形式千变万化，根据不同的栏杆风格可以自由地选择简洁的、丰富的、古典的或现代的扶手风格，这往往是楼梯最精彩和最富表现力的部分，它们往往结合雕塑等形式产生生动的视觉效果，犹如画龙点睛。

第十节 储藏空间设计

一个家庭无论从日常生活的实用功能方面，还是从美化家居环境的要求方面都需要一定比例的储藏空间。从现代住宅设计的趋势来看，合理设置储藏空间是一个很重要的问题。

一、储藏空间的功能

随着人们日常生活的日积月累，家庭中生活的各种用品会越来越多，储藏和收纳便成为住宅空间设计的重要课题之一。将多种多样的生活用品巧妙地存放、保管，可以使空间秩序化、整洁化，也在很大程度上提高了舒适感。

从室内设计的角度来看，在不影响人们正常活动所需的空间的前提下，应挖掘现有的空间潜力，把那些被忽视的空间加以合理利用，提高其空间使用效率，以满足人们储存日常生活中各种用品的需要。

二、储藏空间的设计要点

（一）储存的地点和位置

储存的地点和位置直接关系到被储物品的存取是否便利、空间的使用是否合理。例如，书籍的储存地点应靠近经常阅读的沙发、床头、写字台，而且位置应方便拿取；调味品的储存地点宜靠近灶台及进行备餐活动的区域；化妆、清洁用品的储存地点宜靠近洗手台面、化妆台面，使用者能在梳妆时方便地拿到；衣物的储存（特别是常用衣物）应靠近卧室。

（二）储存空间利用程度

利用程度是指储物空间的使用效率，指任何一处储存空间是否充分利用、物品的摆放是否合理。任何一个储物空间的使用主体是储存的物品，因而应根据物品的形状尺寸来决定物品存放的方式，以便节约空间。图 7-77中书柜通常作为存放书籍或展示收藏品的空间，设计时应注意单项隔板的承重及书籍、藏品的尺寸，因为书会随着时间充满书柜，因此设计时如果空间允许，应尽量大些。

图 7-77 书柜储存空间利用

例如，衣柜或更衣室，设计时应根据家庭成员及物品类型分类存放，以挂杆、隔板、抽屉来分割内部的存储空间（图7-78）。过季被褥、衣物或轻质的纺织类物品易放置在较高或靠上的区域，伸臂可以触及，存取比较方便；常用的衣物可用挂衣架、裤架、领带架、网架等存放；内衣、袜子等用抽屉存放。图7-79根据人体的动作行为和使用的舒适性及方便性，衣柜一般可划分为两个区域，第一区域以人肩为轴，上肢半径活动的范围，高度为650~1850mm，是存取物品最方便、使用频率最多的区域，也是人视线最容易看到的视觉领域。第二区域为从地面至人站立时手臂垂下指尖的垂直距离，即650mm以下的区域，该区域存储物品不便，人必须蹲下操作，而且视域不好，一般存放较重而不常用的物品。若需要扩大储藏空间，节约占地面积，可以设置第三区域，即橱柜的上空1850mm以上的区域，一般可叠放橱架，存放较轻的过季物品。

图7-78 衣柜设计

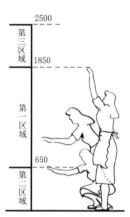

序号	高度（mm）	区间	存放物品	应用举例
第一区域	650-1850	方便存取高度	常用物品	应季衣物日常生活用品
第二区域	0-650	弯蹲存取高度	不常用、较重物品	箱、鞋、盒
第三区域	1850-2500	超高存取高度	不常用轻物	过季衣物

图7-79 方便存取的高度（单位：mm）

图7-80 封闭式

三、储藏空间的形式

储藏空间的样式千姿百态，但从类型上分，可以归纳为封闭式和开敞式两种。

（一）封闭式

封闭式储藏往往用来存放一些使用性较强而装饰性较差的物品，如厨房吊地柜用来存储碗筷、粮油；衣柜用来存放四季衣物、被褥等（图7-80）。这类实用性很强的空间往往要求较大的尺度，在造型风格上应与居室风格保持一致，在存储物品的同时起到美化空间环境的作用。

（二）开敞式

用来陈设具有较强装饰作用的物品，如酒柜、书柜等，由于它们多以背影形式出现，主要起衬托作用，所以本身的造型、色彩必须绝对的单纯，如果变化太多，过于复杂则不适合作为陈设背景出现。可借助自身灯光的光影效果，使陈设物品更为突出醒目，细节变化更为清晰，形成空间视觉重点（图7-81）。

图 7-81 开敞式

第十一节 阳台设计

阳台是建筑物内部的延伸，是使用者晾晒衣物、摆放盆栽、呼吸新鲜空气和观赏景色的场所，其设计要兼顾实用与美观。

一、阳台的功能

随着居住面积的扩大和人们生活品质的提高，阳台在使用功能和形式上发生了很大的变化。

（一）储物

在不影响采光的前提下，可将阳台设计成储物空间，放置一些不常用的生活用品或杂物，这样可以有效增大居室内部其他空间的使用面积。

（二）休闲放松

阳台是连接居室与户外的桥梁，在阳台上摆放一个沙发和茶几，放上几盆心爱的绿植，品茶的同时呼吸着室外的新鲜空气，欣赏优美的景色，与大自然亲密接触，放松心情（图 7-82）。

在一些小户型居室中，可以把阳台改为书房，充分利用其良好的采光。在一些露台设计中，将其改造成阳光房或健身房，给人以全新的生活享受（图 7-83）。

图 7-82 休闲放松的阳台设计

图 7-83 扩大阳台使用面积

二. 阳台设计要点

（一）分清主次

现在有很多住宅同时设有两三个阳台，在设计中要根据空间使用功能分清主次。与客厅、主卧室相邻的通常是主阳台，在设计中应强调其休闲性；次阳台一般与厨房相邻，或与客厅、主卧以外的空间相通，在设计中主要突出其实用性。

（二）材料选择

在材质的选择上，应减少使用人工、反光的材料，像瓷片、条形砖等，因为这类材料花纹单一、枯燥乏味，有冰冷的感觉。可以考虑使用纯天然材料，将阳台和户外的环境融为一体，例如，未磨光的天然石（如毛石板岩、鹅卵石等），用于墙身和地面都是适合的，为了不使阳台感觉太硬，还可以适当使用一些原木（图7-84）。

（三）灯光照明

灯光是烘托空间氛围的重要手段，精心设计的灯光可以使夜间的阳台更加迷人。但如果阳台只设置一盏吸顶灯，显然不能满足需要，可选择一些吊灯、地灯、草坪灯、壁灯，甚至可以用防风的煤油灯或蜡烛灯等进行搭配，同时配以绿植和家具，营造一种诗情画意的氛围，使其成为具有情趣和品味的休息空间（图7-85）。

图 7-84 材料选择

图 7-85 灯光照明

本章小结

　　本章从多个方面对居住空间各区域自身的功能特点及设计要求进行了深入的分析，目的是使学习者对居住空间有一个比较全面的认识，结合各功能空间自身的特点及需求进行合理的空间方案设计。

思考与练习

　　1.两人一组，相互提出设计要求，分别为对方设计一套居住空间方案。

　　要求：平面布局图、天花布置图、地面铺装图、局部的立面图、效果图、设计说明以及前期沟通设计草图。

　　2.讲解设计完成的方案。

参考文献

[1] 张琦曼，郑曙阳. 室内设计资料集[M]. 北京：中国建筑工业出版社. 1991.

[2] 李莉，程虎. 居住空间设计与应用[M]. 北京：中国水利水电出版社. 2013.

[3] 张品. 室内设计与景观艺术教程：室内篇[M]. 天津：天津大学出版社. 2006.

[4] 张青萍. 室内环境设计[M]. 北京：化学工业出版社. 2009.

[5] 吕永中，俞培晃. 室内设计原理与实践[M]. 北京：高等教育出版社. 2008.

[6] 高钰，孙耀龙，李新天. 居住空间室内设计速查手册[M]. 北京：机械工业出版社. 2009.

[7] 郑曙阳. 室内设计程序[M]. 北京：中国建筑工业出版社. 1999.

[8] 朱钟炎，王耀仁，王邦雄，等. 室内环境设计原理[M]. 上海：同济大学出版社. 2003.

[9] 程宏，赵杰. 室内设计原理[M]. 北京：中国电力出版社. 2008.